Unser blauer Planet

HEINZ HABER

Unser blauer Planet

Die Entwicklungsgeschichte der Erde

ULLSTEIN

CIP-Titelaufnahme der Deutschen Bibliothek

Haber, Heinz:
Unser blauer Planet; die Entwicklungsgeschichte der Erde/
Heinz Haber. – Frankfurt/M; Berlin: Ullstein, 1989
(Ex-Libris-Ausgabe)
ISBN 3-550-08565-6

Ex Libris Ausgabe · September 1989

Druck und Bindung:
Mohndruck Graphische Betriebe GmbH, Gütersloh
Printed in Germany 1989
ISBN 3 550 08565 6

Vorwort zur Neuauflage

Am 15. und 16. Mai des Jahres 1963 unternahm der amerikanische Astronaut L. Gordon Cooper jr. einen der ersten Weltraumflüge. Er umkreiste die Erde in einer Mercury-Kapsel. Dabei machte er aus dem Weltall auch einige Aufnahmen der Erde, die vor allen Dingen durch ihre strahlend blaue Farbe überraschte.

Im Jahre 1949 – acht Jahre vor dem ersten Sputnik – hatte ich bereits Berechnungen angestellt, welche Farbe unser Planet wohl haben würde, wenn man ihn aus dem Weltall sähe. Meine Berechnungen ergaben damals, daß die Erde unter allen Planeten als einziger blau gefärbt sein müsse, während die Schwesterplaneten der Erde weiß, gelb oder rötlich sind. Diese ausgefallene Eigenschaft, die nur unsere Erde unter allen Planeten besitzt, nahm ich schon damals zum Anlaß, der Erde den Namen »blauer Planet« zu geben. Mit den ersten Ergebnissen der Weltraumfahrt in der Hand, schrieb ich dann 1964 ein Buch über die Erde, dem ich den Titel »Unser blauer Planet« gab. Ich bin stolz darauf, daß der Ullstein Verlag dieses Buch nun wieder in einem Nachdruck vorlegt.

Bevor diese Nachauflage erfolgen konnte, wurde ich gefragt, ob ich Änderungen oder Zusätze zu meinem Buch vorzuschlagen hätte. Daraufhin habe ich das Buch noch einmal gründlich durchgelesen und mich entschlossen, es unverändert zu lassen. Bereits im Jahr 1952, als ich mein erstes Buch über die Weltraumfahrt schrieb, hatte ich unsere eigene Erde als das wichtigste Ziel der Weltraumfahrt bezeichnet. Ich war der Überzeugung, daß uns die Weltraumfahrt ein ideales Forschungsmittel in die Hand geben könne, unsere eigene Heimat, eben unseren blauen Planeten, zu erforschen. Gewiß, wir flogen dann zum Mond und schickten unbemannte Instrumententräger zu unseren Schwesterplaneten bis an die Grenze des Sonnensystems. Das Schwergewicht der Weltraumfahrt

jedoch liegt nach wie vor auf der Erforschung der Erde, wie die Wettersatelliten, die Nachrichtensatelliten und Instrumententräger zu zahlreichen Experimenten der Erkundung des festen Landes und des Meeres sowie des Klimas zeigen.
Ich freue mich feststellen zu können, daß meine Erwartungen an die Leistungen der Erdforschung aus dem Weltall, wie ich sie in meinem vor einem Vierteljahrhundert geschriebenen Buch schon dargelegt habe, in so großem Umfang eingetroffen sind.

Hamburg, im Juli 1989 Heinz Haber

1_Die Entstehung der Erde

Schon längst, bevor der erste Mensch seinen Heimatplaneten von einem Raumschiff aus erblickte, haben sich Astronomen, Meteorologen und Physiker Gedanken darüber gemacht, welchen Anblick unsere Erde vom Weltraum aus gesehen wohl darbieten würde. Man war sich schon lange vor den ersten Weltraumflügen darüber im klaren, daß die Erde keineswegs wie ein Globus aussehen könne, obwohl sich uns ein solches Bild immer wieder aufgedrängt hat. Man darf ja nicht vergessen, daß die Erde eine Atmosphäre hat, die nur in den seltensten Fällen vollständig klar und durchsichtig ist, so daß der Blick eines Betrachters von außen Kontinente und Ozeane, Inseln und Seen so klar erkennen kann wie auf einer Landkarte. Allein mehr als die Hälfte der gesamten Erde ist dauernd von dichten Wolken verhüllt, und auch dort, wo schönes Wetter herrscht, erscheinen die Umrisse der Kontinente keineswegs so scharf und klar wie auf einem Globus. Wenn man daher die Bilder, die *Scott Carpenter* von der Erde aufgenommen hat, studiert, so kann man sich keineswegs sofort orientieren. Die irdische Landschaft aus der kosmischen Sicht gesehen ist zum größten Teil hinter Wolken verborgen, die mit ihrer blendenden Helligkeit weite Strecken unter dem Raumschiff verhüllen. Nur stellenweise kann man die uns von Landkarten so vertrauten Umrisse der Kontinente identifizieren.

Ein Element dieser Bilder ist jedoch sehr auffallend – die Farbe. Unser Planet erscheint eingehüllt in ein leuchtendes, tiefes Aquamarin. Man hat schon vor den ersten Weltraumflügen vermutet, daß unser Planet blau ist. Für einen Planeten ist die Farbe Blau eine Besonderheit in unserem Sonnensystem. Mars ist rötlich, Saturn gelblich; die anderen Planeten sind weiß, und die beiden äußersten großen Planeten, Uranus und Neptun, zeigen einen grünlichen Schimmer. Nur unser Planet ist blau.

Ein weiteres Element der Astronautenbilder ist ebenfalls unerhört eindrucksvoll – es ist der Rand der Erde. Der Rand ist gekrümmt. Es ist ein weit ausgreifender, scharfer Kreisbogen, ein photographisches Dokument für die Tatsache, daß wir in der Tat auf einer Kugel leben.

Schon einmal in der Geschichte der Menschheit hat die Kugelgestalt der Erde die Gemüter der Menschen unerhört stark beschäftigt. Das war zu Beginn des Zeitalters der Entdeckungen, als *Kolumbus* Amerika fand und als vor über 400 Jahren der portugiesische Seefahrer Ferdinand *Magellan* zum ersten Mal die Erde umsegelte. Die Weltraumfahrt hat uns noch einen Schritt weitergebracht. Sie hat dazu geführt, daß wir unseren Heimatplaneten unmittelbar als einen Weltkörper unter vielen sehen, ihn in Beziehung setzen zu den anderen Schwesterwelten der Erde im Weltall, und aus diesem Grunde haben wohl noch nie so viele Menschen über die Natur unseres eigenen Planeten nachgedacht wie heute. Nicht mehr nur im Geiste wie einst sehen wir die Erde als einen Weltenkörper, und nicht nur Wissenschaftler machen sich Gedanken darüber, wie ist sie entstanden, wie hat sie sich entwickelt, wie ist die Geschichte des Lebens auf dieser Erde, welches sind die Kräfte, die sie geformt und ihr ihre heutige Gestalt gegeben haben, und wie wird ihre Zukunft aussehen?

Wir wollen versuchen, eine Antwort auf diese Fragen zu geben. Wir haben uns damit natürlich eine Aufgabe gestellt, die man in acht kurzen Kapiteln keineswegs ausschöpfen kann. Astronomen, Physiker, Geologen, Ozeanographen, Meteorologen, Geographen, Glaziologen, Chemiker und Ingenieure haben über dieses Thema ein so umfangreiches Wissen zusammengetragen, daß es ganze Bibliotheken füllt. Unser Versuch eines Überblicks kann daher nur sehr skizzenhaft sein. Zudem ist all das, was hier zu unserem Thema gesagt werden kann, auf den heutigen Stand des Wissens gegründet. Nicht nur die Erde und das Leben, auch die Wissenschaft entwickelt und verändert sich; und Vorstellungen über die Entwicklungsgeschichte unseres Planeten, die noch vor fünfzig, ja vielleicht vor zwanzig Jahren einleuchtend und stichhaltig waren, sind heute schon vielfach überholt, und neue Ideen sind an ihren Platz getreten. Die Naturwissenschaft gleicht einem gewaltigen Kreuzworträtsel, dessen Reihen und Spalten schneller wachsen, als sie gelöst werden können. Zudem hat uns die Natur für die Lösung dieses Rätsels vielfach nur sehr karge Hinweise gegeben. Aber vielleicht liegt gerade darin die Spannung jenes intellektuellen Abenteuers, das wir Naturwissenschaft nennen. Diese Überlegungen gelten in ganz besonderem Maße für die Erdwissenschaften und für alle Fragestellungen, die mit der Entwicklungsgeschichte unseres Planeten zusammenhängen.

Wir haben uns den Stoff morphologisch aufgeteilt, das heißt nach den Erscheinungsformen, die uns die Erde bietet. So wollen wir uns im ersten Kapitel in der Hauptsache nur mit der Entstehung unseres Planeten beschäftigen – wir wollen in Erfahrung bringen, wie die Erde als ein Planet unter vielen entstanden ist, und wir werden dabei sehen, daß die Entstehungsgeschichte der Erde sehr eng mit der Entstehungsgeschichte der Sonne verknüpft ist. Wir werden dann ferner erkennen, daß Planeten offenbar eine recht häufige Formation in den Tiefen des Weltalls darstellen. Im zweiten Kapitel soll uns der Erdkörper beschäftigen, das heißt seine Kugelgestalt, die Struktur seines Innern, die uns durch Erforschung der Erdbebenwellen erschlossen worden ist. Im dritten Kapitel wollen wir über eine völlig neue Idee berichten – die kühne Hypothese von der Expansion der Erde. Es gibt heute gewichtige Gründe für die Annahme, daß sich die Schwerkraft im Laufe der Geschichte des Universums sehr langsam, aber andauernd verringert hat und auch heute noch verringert. Die Schwerkraft ist jedoch jene universelle Kraft, die den Erdball zusammenhält. Wenn sie vor Milliarden von Jahren wesentlich größer war als heute, dann muß damals auch die Erde wesentlich kleiner gewesen sein. Mit der langsamen Abnahme der Schwerkraft während der gesamten geologischen Entwicklung muß dann die Erde stetig bis auf ihre heutige Größe angeschwollen sein. Es liegt auf der Hand, daß man unter diesem Gesichtspunkt die Entwicklungsgeschichte unserer Erde in vielerlei Hinsicht revidieren muß. Es ergibt sich daraus eine sehr interessante Reihe von Überlegungen über den Ursprung der Kontinente und über die Entwicklung des Klimas. Im vierten Kapitel wollen wir uns sodann mit dem Alter der Erde beschäftigen. Es ist unmöglich, sich über die Entwicklungsgeschichte unseres Planeten Rechenschaft abzulegen, ohne daß wir jene unvorstellbar langen Zeiträume betrachten, während derer sich diese Entwicklungsvorgänge abgespielt haben. Man weiß schon seit langem, daß die Erde viel älter sein muß, als man früher angenommen hatte – ganz zu schweigen von dem Erdalter von knapp 6 000 Jahren, das ein englischer Bischof noch im siebzehnten Jahrhundert fast auf den Tag genau berechnet hat. Wir wollen dabei die Methoden der modernen Wissenschaft kennenlernen, mit denen man das Alter der Erde, das auf Milliarden von Jahren zu berechnen ist, erstaunlich genau zu bestimmen vermag. Das fünfte Kapitel handelt von der Entstehung der Atmosphäre und des Meeres. Die Erde ist ja der einzige Planet in unserem Sonnensystem, der ein Weltmeer besitzt und dessen Atmosphäre zu einem erheblichen Teil – nämlich zu 20 Prozent – aus Sauerstoff besteht. Wir müssen uns daher Rechenschaft darüber ablegen, weshalb gerade unsere Erde als einziger Planet im Sonnensystem mit diesen beiden, für das Leben so wichtigen Attributen ausgestattet worden ist. Im sechsten Kapitel schließlich

wollen wir die Entstehung des Lebens diskutieren. Auch hier wieder scheint unsere Erde eine Sonderstellung einzunehmen. Es sieht so aus, als ob lediglich noch der Planet Mars Träger einer primitiven Form von Pflanzenleben sei, während sich auf unserer Erde das Leben so unerhört reich entwickelt hat. Wir wollen dabei auch den entscheidenden, rückwirkenden Einfluß der Existenz des Lebens auf die Erde selbst besprechen. Es ist nämlich keineswegs so – wie man es sich früher vielfach vorgestellt hat –, daß das Phänomen des Lebens geduldig wartet, bis die unbelebte Natur Bedingungen auf einem Planeten geschaffen hat, unter denen das Leben existieren kann; es scheint vielmehr so zu sein, daß das Leben mit seiner hervorragenden chemischen Aktivität weitestgehend dazu beiträgt, seine eigene Umwelt zu schaffen und einen Planeten so umzugestalten, daß er fähig wird, Leben in bunter Fülle zu tragen. Das siebte Kapitel soll dann der Entwicklung des Klimas gewidmet sein. Unter Klima versteht man die Summe aller Umweltsbedingungen, unter denen das Leben, eine bestimmte Gattung von Lebewesen und damit auch die Menschheit existieren und mit denen sie sich dauernd auseinandersetzen müssen. Das Klima der Erde ist keineswegs immer so gewesen, wie es heute ist – denken wir nur an die Eiszeiten. Dies schließlich führt zum letzten Kapitel, in dem wir uns mit dem zukünftigen Schicksal der Erde befassen wollen. Wir möchten sehen, wie sich die Zukunft der Erde als Wohnstätte der Menschheit entwickeln wird und ob der Existenz der Menschheit vielleicht durch elementare Naturkatastrophen ein Ende drohen könnte.

Wenn wir als erstes die Entstehungsgeschichte unseres Planeten verfolgen wollen, so müssen wir uns zunächst einmal den Schauplatz des Geschehens, in dem diese gewaltige Entwicklung stattgefunden hat, näher besehen: das Weltall. Das Weltall ist ein riesiger dreidimensionaler Raum, dessen Ausmaße sich unserer Vorstellungskraft völlig entziehen. Man kann sie nur ahnen, man kann nur schwache Versuche anstellen, sie durch unzureichende Vergleiche zu versinnbildlichen. Das Weltall ist von Sternen bevölkert, Sternen, die unserer eigenen Sonne an Größe und Leuchtkaft gleichen. Vielleicht kann man sich die Größe des Weltalls am besten näherbringen, indem man unsere eigene Sonne betrachtet. Von der Erde aus gesehen erscheint sie uns mit einer überwältigenden, blendenden Helligkeit. Wie tief muß das Weltall sein, wenn wir uns klarmachen, daß die winzigen Lichtpunkte des Sternenhimmels ebenfalls Sonnen sind. Wenn wir in einer klaren Nacht den Blick zum Himmel erheben, so können wir auf der uns sichtbaren Halbkugel etwa dreitausend Sterne erkennen,

und fast alle diese dreitausend Sterne übertreffen unsere eigene Sonne an absoluter Leuchtkraft.
Im Verhältnis zu ihrem Durchmesser sind die Sonnen unserer Milchstraße außerordentlich weit voneinander entfernt. Maßstäblich reduziert würde ein Modell der Sonnenumgebung etwa so aussehen, daß in jeder Hauptstadt Europas eine Kugel von der Größe einer Walnuß zu finden ist. Der Weltraum dazwischen ist praktisch leer.
Planeten sind Weltkörper zweiter Ordnung, die, etwa zwanzig- bis hundertmal kleiner im Durchmesser als die Sonnen, diese umkreisen. Um bei unserem Maßstab zu bleiben, sollte man noch dazu sagen, daß die Bahnen dieser Planeten sich nur ein paar Häuser weit um die walnußgroßen Sonnen herum erstrekken. Die Planeten sind also bestenfalls Stecknadelköpfe oder winzige Staubteilchen in unmittelbarer Nähe ihrer Zentralkörper. Diese unzähligen Sonnen sind jedoch keineswegs gleichförmig über den gesamten Raum des Weltalls verteilt. Sie sind zusammengeschart in großen Sternsystemen, von denen unsere eigene Milchstraße ein gutes Beispiel ist. Unsere Milchstraße besteht aus etwa 200 Milliarden Sonnen, unserer eigenen Sonne an Größe und Leuchtkraft ähnlich; sie sind alle an einer bestimmten Stelle des riesigen Weltalls zusammengeschart. Stellen wir uns die Struktur unserer Milchstraße vor, so dürfen wir nie vergessen, daß zwischen den einzelnen Sonnen jene gewaltigen Entfernungen klaffen, die wir mit dem Beispiel je einer Walnuß in jeder Hauptstadt Europas versinnbildlicht haben. Von einer großen Entfernung gesehen jedoch erscheinen die 200 Milliarden Sonnen unserer Milchstraße als ein einheitliches, ziemlich kompaktes System von Sternen – ein System von Sternenwolken, die sich in einer flachen Spirale anordnen.
Unsere eigene Milchstraße ist keine seltene Erscheinung im Weltall. Es gibt

Rechts oben: Eine der dichtesten und hellsten Sternwolken unserer Milchstraße – obwohl auf dieser Fotografie die Sterne dicht aufeinanderzusitzen scheinen, sind die Abstände zwischen ihnen dennoch einige hundertmillionenmal größer als ihr Durchmesser.
Rechts unten: Der große Staub-Gas-Nebel im Sternbild des Orion, der eine Fläche von etwa 15 Vollmondscheiben überdeckt. In diesem Nebel befindet sich genug Material, um Tausende von neuen Sonnen zu bilden.

Hunderte von Milliarden fremder Milchstraßensysteme, jede etwa ebenso groß wie unsere eigene Milchstraße und aus Hunderten von Milliarden von Sternen bestehend. Jene fremden Milchstraßen befinden sich in unterschiedlichen und sehr großen Entfernungen von uns, und Sie haben bestimmt schon photographische Aufnahmen dieser fernen Milchstraßen gesehen, die sich uns als schwach leuchtende Spiralen darbieten und mit den großen Fernrohren photographiert werden können.

Wenn wir von der Erde sprechen – und das ist ja unser Thema –, so muß man sich mit einer gewissen geistigen Anstrengung einmal klarmachen, daß unser Planet ein winziger Weltkörper ist, der nur einer Sonne in einer Milchstraße unter vielen Milliarden von Sonnen und unter vielen Milliarden von Milchstraßen zugeordnet ist.

Wir haben vorhin schon darauf hingewiesen, daß nach neueren Vorstellungen der Astronomie die Entstehung der Erde nicht von der Entstehung der Sonne zu trennen ist. Es ist heute ein sicheres Erkenntnisgut der Wissenschaft, daß die Erde und die anderen Planeten etwa ebenso alt sind wie die Sonne selbst. Sie sind zur gleichen Zeit entstanden. Wir können daher die Entstehungsgeschichte der Erde nicht entwickeln, ohne gleichzeitig jene Kräfte und Vorgänge zu betrachten, die einst zur Bildung der Sterne geführt haben und heute auch noch führen.

Es ist eine der überraschendsten morphologischen Tatsachen, daß die Schöpfung offenbar darauf bedacht war, Individuen zu schaffen, und zwar jeweils in großer Zahl. Dazu stand der Schöpfung die Materie zur Verfügung, das Material, aus dem das Universum besteht, ausgebreitet in Raum und Zeit. Dabei ist die Natur nach einem bestimmten Plan vorgegangen, indem sie diese Materie zu individuellen Schöpfungen benutzt hat: Spiralnebel, Sterne, Planeten und Meteore, Sequoia-Baumriesen, Algen und Sporen, Elefanten, Mäuse, Fliegen und Menschen. So groß die Zahl der Schöpfungsformen ist, ebenso groß ist auch die Zahl der Individuen innerhalb jeder Gattung.

Der Spiralnebel im Sternbild der Andromeda.
Eine der Nachbargalaxien unserer eigenen Milchstraße in einer Entfernung von etwa 2,5 Millionen Lichtjahren

Doch zurück zur Entstehungsgeschichte der Erde, das heißt auch zur Entstehungsgeschichte der Sonne. Der moderne Naturwissenschaftler scheut sich vor einer Erörterung des fundamentalen Schöpfungsaktes; auf diesem Gebiet fühlt er sich nicht zuständig. Aus dem gleichen Grunde wollen wir gewissermaßen mit dem zweiten Kapitel der Schöpfung beginnen, das heißt, wir wollen annehmen, daß die Schöpfung schon so weit fortgeschritten ist, daß wir Raum, Zeit und Materie bereits geschaffen vorfinden. Wir wollen keine weiteren Worte verlieren über die Kategorien Raum und Zeit – lediglich zur Materie wollen wir noch etwas sagen. Es ist sehr verlockend für den heutigen Physiker anzunehmen, daß der Urzustand der Materie aus den allereinfachsten Bausteinen bestanden hat, nämlich aus Atomen des chemischen Elements Wasserstoff. Denken wir uns also einen Weltraum, in dem sich als ungeheuer verdünntes Gas Wasserstoffatome befinden. Zwischen diesen Materieteilchen wirkt eine fundamentale Kraft der Natur, nämlich die Schwerkraft; durch sie hat sich das über gewaltige Räume verteilte Wasserstoffgas lokal verdichtet, wobei sich Kondensationskerne bildeten, in denen sich viele Hunderttausende von Milliarden von Tonnen Wasserstoff zusammenballten. Je dichter sich die Wasserstoffatome zusammenfinden, um so größer wird ihre Anziehungskraft, und es entsteht dann ein gewaltiger Gasball. Dieser Schöpfungsvorgang hat sich Hunderttausende von milliardenmal ereignet.
Es würde zu weit führen, die Physik einer solchen Gaskugel im einzelnen zu beschreiben. Hier muß es genügen zu sagen, daß sich im Inneren eines solchen Gasballes außerordentlich hohe Drücke und außerordentlich hohe Temperaturen entwickeln, die dazu führen, daß sich ein Teil des Wasserstoffes in schwerere Elemente verwandelt – Elemente wie Helium, Sauerstoff, Eisen, Gold und Uran. Dabei wird Energie frei, die als Strahlung nach außen dringt und in den Weltraum entweicht. Viele Wissenschaftler glauben heute, daß jene Ursterne die Geburtsstätte der Vielfalt der chemischen Elemente waren und auch heute noch sind.
Schon seit einigen Jahrzehnten hat man gewaltige Sternexplosionen beobachtet, und man vermutet jetzt, daß bei solchen Explosionen die in den Sternen erzeugten chemischen Elemente über das ganze Weltall verstreut wurden, die als Gas zur Bildung von Sternen zweiter, dritter und vierter Generation geführt haben. Das ist beinahe so, als ob die Samenknospe einer Pflanze platzt und ihre Produkte in die Umwelt verstreut.
Die Materie, aus der die Sonne und die Planeten aufgebaut sind, enthält einen zwar sehr kleinen, aber doch immerhin bedeutenden Anteil an schwereren

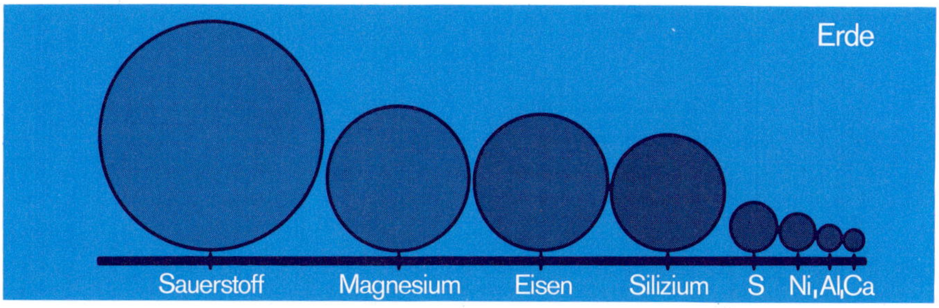

chemischen Elementen, so daß wir sagen können, daß die Sonne und ihr Planetensystem – und damit die Erde – Angehörige der zweiten oder vielleicht sogar einer höheren Generation der Schöpfung darstellen.
Man hat sich früher immer gedacht, daß das Planetensystem seine Existenz einer Art von Geburt aus dem Sonnenleib verdankt. Diese etwas primitive Auffassung hat man jedoch aufgeben müssen, als man feststellte, daß die Sonne einerseits und – zumindest – die erdähnlichen Planeten Merkur, Venus, Erde und Mars andererseits chemisch völlig unterschiedlich aufgebaut sind. Die Sonne besteht zu 99 Prozent aus Wasserstoff und Helium, den beiden einfachsten, leichtesten und primitivsten chemischen Elementen. Die erdähnlichen Planeten dagegen bestehen zu einem überwiegenden Anteil aus den schwereren Elementen Sauerstoff, Silizium, Eisen, Nickel und vielen anderen, während die hauptsächlichsten Bestandteile der Sonne, das heißt Wasserstoff und Helium, auf den erdähnlichen Planeten eine große Seltenheit sind. Aus diesem Grunde muß man jene einfacheren Vorstellungen von früher, die man über die Entstehung der Planeten gehabt hat, verwerfen. Es ist also keineswegs so, daß die Entstehung der Planeten einfach zu erklären ist, als wäre nur ein Teil des

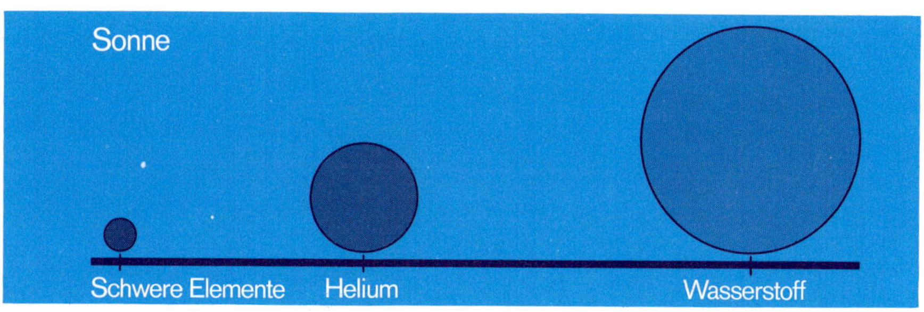

Die Entstehung des Planetensystems nach der Theorie von Weizsäcker.
Oben: Schematische Darstellung des Wirbelsystems, das sich in der urtümlichen Sonnenatmosphäre ausgebildet hat, wobei sich die Planeten längs der Ringe, an denen die Strömungsläufe gegenläufig sind, gebildet haben.
Rechts: Zeichnerische Darstellung des Planetensystems in den letzten Phasen seiner Entwicklung

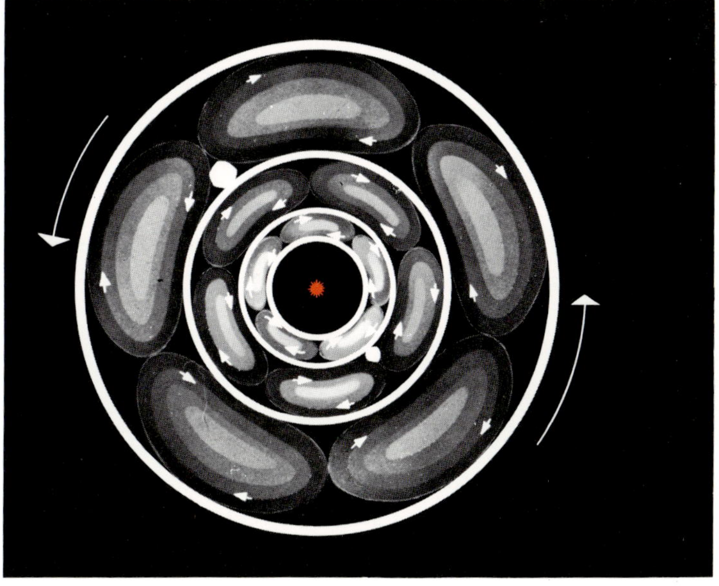

Sonnenmaterials abzuschöpfen und in den Raum hinauszuwerfen in der Erwartung, daß es sich abkühle und daraus ein Planet entstünde. Ebensowenig kann man erwarten, einer Schüssel voll Teig einen Eisenklotz zu entnehmen. Als die Sonne und die Planeten entstanden, mußten offenbar bestimmte Vorgänge am Werke gewesen sein, die die schwereren Elemente, die nur zu etwa einem Prozent im Material der Sonne enthalten waren, anreicherten und sie in den Planeten verdichteten.

Diese Überlegungen bildeten die Grundlage einer Theorie, die der deutsche Physiker Professor *Freiherr von Weizsäcker* im Jahre 1938 über die Entstehung des Planetensystems entworfen hat. Seine Überlegungen sind heute allgemein anerkannt und in den letzten fünfundzwanzig Jahren von einer großen Zahl von Physikern und Astronomen verfeinert und ausgearbeitet worden. Ihnen zufolge entstanden die Sonne und die Planeten aus einer gewaltigen Gaswolke, die zu 99 Prozent aus Wasserstoff und Helium und nur zu 1 Prozent aus den schwereren Elementen bestand – Sauerstoff, Silizium, Eisen, Nickel und andere; letztere bilden heute die Hauptmasse unseres Planeten. Diese Gasmasse hat sich unter dem Einfluß der Schwerkraft im Laufe von Jahrmillionen verdichtet, wobei etwa 90 Prozent dieser Materie sich in einem zentralen Körper, der Ursonne, zusammenballten, während 10 Prozent als weit ausgedehnte Atmosphäre der Ursonne zurückblieben. Ein Hundertstel dieser 10 Prozent bestand aus schweren Elementen. Im Laufe der Zeit bildete sich in dieser urtümlichen Sonnenatmosphäre ein System von regelmäßig angeordneten Wirbeln, und an den Stellen, wo heute die Planetenbahnen liegen, verdichtete sich die Materie. Und das ist die entscheidende Überlegung bei dieser Theorie: Ein Hundertstel der 10 Prozent der Masse dieses Systems, also ein Tausendstel der Gesamtmasse, aus der heute Sonne und Planeten aufgebaut sind, waren die schweren Elemente. Im Gegensatz zu Wasserstoff und Helium sind die schweren Elemente befähigt, auf Grund der chemischen Kräfte Staubteilchen und Körner zu bilden. Sie wurden durch die Schwerkraft zusammengeführt, hafteten aneinander und bildeten die Planeten. In runden Zahlen kann man diese Vorgänge heute noch in der Aufteilung der chemischen Elemente in unserem Sonnensystem ablesen: Nur 1 Prozent der Sonnenmaterie besteht aus schweren Elementen – alles andere ist Wasserstoff und Helium. Die urtümliche, weit ausgedehnte Sonnenatmosphäre, aus der die Planeten entstanden, hatte dieselbe Zusammensetzung; diese Atmosphäre betrug etwa 10 Prozent der Sonnenmasse. Die Gesamtmasse der Planeten beträgt ein Tausendstel der Sonnenmasse, und damit geht die Rechnung auf.

Unsere Erde ist demnach das Produkt eines raffinierten Ausleseprozesses, den die Natur bei der Schöpfung der Planeten angewendet hat. Die Erde ist in der Tat ein höchst kostbarer Körper. Sie besteht aus einer Konzentration jener unerhört seltenen und wertvollen schweren Elemente, ohne die die bunte Fülle der Erscheinungen auf unserem Planeten undenkbar wäre. Auch die Natur kann aus einem gewaltigen Ball von Wasserstoff und Helium lediglich eine Sonne schaffen. Wenn der Ball groß genug ist, erreichen Temperatur und Druck in seinem Innern so gewaltige Werte, daß die Gaskugel zu strahlen beginnt. Das ist aber auch alles. In den Planeten dagegen hat die Natur die unerhört seltenen und daher kosmisch gesehen auch unerhört wertvollen schweren Elemente zusammengeballt und sich damit die chemische und physikalische Bühne vorbereitet, auf der das bunte Schauspiel des planetaren Geschehens abrollen kann. Gleichzeitig mit der Erde sind natürlich auch die anderen acht Planeten des Sonnensystems entstanden. Auch sie bestehen zumeist aus jenen seltenen, schweren Elementen. Sodann hat diese moderne Theorie über das Entstehen des Planetensystems noch eine andere merkwürdige Erscheinung in der Morphologie der Planetenbahnen aufklären können, die lange Jahre ein großes Rätsel war. Die Durchmesser der Planetenbahnen nehmen nämlich mit einer auffallenden Regelmäßigkeit zu, eine Erscheinung, die man sogar durch eine einfache Zahlenreihe dargestellt hat. Es ist nun eine notwendige Folge der zuvor geschilderten Prozesse, daß die Wirbel des Materials der ursprünglichen Sonnenatmosphäre von innen nach außen immer größere Dimensionen annehmen mußten. Aus den Bewegungsformen dieser Wirbel ergaben sich sozusagen automatisch die Entfernungen, in denen Planeten entstehen konnten. In diesen Abständen von der Sonne kreisen heute in der Tat die neun Planeten unseres Systems.

Noch einen zweiten Schluß kann man aus diesen Vorgängen ziehen, einen Schluß, der – man möchte sagen – philosophisch außerordentlich interessant und folgenschwer ist. Was nämlich für die Sonne recht ist, mußte für eine große Zahl anderer Sterne, die der Sonne an Größe und Aufbau ähnlich sind, billig sein. Nahm man früher an, daß eine so delikate Erscheinung wie unser Planetensystem besonders selten sein müsse, ist man heute zu dem Schluß gezwungen, daß es viele solcher Planetensysteme im Weltall geben muß. Wenn wir uns also in den folgenden Kapiteln noch ausführlich mit der Entwicklung unseres eigenen Planeten befassen werden, so haben wir dabei immer daran zu denken, daß sich die gleiche Geschichte auch noch an vielen anderen Orten des Weltalls, nämlich bei zahllosen anderen erdähnlichen Planeten, ereignet hat.

2_Der Aufbau des Erdkörpers

Bisher haben wir uns damit beschäftigt, wie der Erdkörper mit seinen fast 13 000 Kilometer Durchmesser entstanden ist. Wir haben gesehen, daß er sich langsam durch eine Ansammlung von kosmischem Material, das einst Teil einer weitausgedehnten Sonnenatmosphäre war, gebildet hat. Die wichtigste Erkenntnis, die wir bei der Diskussion der Vorgänge gewonnen haben, war die Tatsache, daß die Erde und mit ihr auch die anderen, erdähnlichen Planeten ihre Bildung einem ganz besonderen Ausleseprozeß verdanken. Im Schnitt ist ja die Materie des Weltalls recht einförmig: sie besteht zu 99 Prozent aus den einfachen Gasen Wasserstoff und Helium, während die bunte Fülle der anderen 90 natürlichen Elemente nur knapp 1 Prozent der Materie des Weltalls ausmacht. Die erdähnlichen Planeten dagegen sind Ansammlungen der schwereren und komplizierteren chemischen Elemente: Sauerstoff, Magnesium, Aluminium, Nickel, Eisen und viele andere.
Die eigentliche Bildung der Erde hat nur einen relativ kurzen Zeitraum in Anspruch genommen – vielleicht nur etwa 100 Millionen Jahre. Wenn wir hier von einem Zeitraum von Millionen von Jahren als von einer kurzen Spanne reden, so ist das durchaus ernst gemeint. Da die Erde vermutlich mehrere Milliarden Jahre alt ist, war demnach der Zeitraum, in dem sie sich gebildet hat, weniger als einige Prozent des gesamten heutigen Erdalters. Maßstäblich gesehen ist es also so: Wenn wir das gesamte Alter der Erde auf ein Jahr verkürzen, so heißt das, daß ihre Bildung nur etwa einen Tag in Anspruch genommen hat. Und das ist doch wirklich kurz.

Ausschnitt aus dem Erdkörper, der den Aufbau der Erde in die drei Hauptzonen zeigt: 1. die dünne Kruste, 2. den Mantel bis zu einer Tiefe von etwa 2900 km, 3. den Erdkern

Im Prinzip ist das Rezept zur Herstellung eines Planeten wie unsere Erde eigentlich sehr einfach: Man nehme etwa 2500 Trillionen Tonnen Eisen und Nickel, ebensoviel Sauerstoff und Silizium, etwas weniger Aluminium und Magnesium, und dazu einige Prisen der anderen chemischen Elemente und werfe sie auf einen Haufen. Diese gewaltige Masse Material übt eine große Anziehungskraft aufeinander aus, und unsere Zutaten werden sich in einer großen Kugel anordnen, die etwa 12750 Kilometer Durchmesser hat. Wenn sich dieser ganze Ball außerdem noch in der Nähe einer Sonne befindet und diese in einer Entfernung von 150 Millionen Kilometern umkreist, dann wird daraus schließlich eine Erde. Bei der Erschaffung der Erde hat die Natur dieses einfache Rezept angewendet. Die erforderlichen Zutaten existierten in der Form von Gas, kleinen Staubteilchen und von festen Brocken verschiedener Größe als Bestandteile der urtümlichen Sonnenatmosphäre, und im Laufe der Zeit hat sich als Folge der gegenseitigen Anziehung dieses Material zusammengefunden. Es mußte dabei Kugelform annehmen, da die Schwerkraft so ungeheuer groß ist, daß im Innern dieses gewaltigen Balles sehr hohe Temperaturen entstehen mußten. Ein Körper von der Größe der Erde kann nur als Kugel existieren.

Je tiefer man in die Erde hinabsteigt, um so höher wird die Temperatur. Das wissen wir nicht nur von heißen Quellen und Vulkanen, die kochendes Wasser und glutflüssige Lava ausspeien, wir wissen es auch von Bergwerken und Bohrlöchern. Man hat genaue Messungen angestellt und herausgefunden, daß mit jedem Kilometer, den wir in die Erde hineinbohren, die Temperatur um etwa 30 Grad Celsius zunimmt, das heißt also, in einer Tiefe von etwa 3 Kilometern unter der Oberfläche herrscht die Temperatur des kochenden Wassers. Bereits in einer Tiefe von 40 bis 50 Kilometern ist das Gestein 1200 bis 1500 Grad heiß, eine Temperatur, bei der es schmilzt. Die Temperatur im Zentrum der Erde wird auf etwa 3700 Grad geschätzt. Die Erde ist also ein glühendheißer Ball mit einer dünnen Schale, die glücklicherweise kühl genug ist, so daß wir uns nicht die Füße verbrennen. Wegen dieser durchschnittlich sehr hohen Temperatur des Erdmaterials enthält unser Planet eine gewaltige Energie, und wir müssen uns an dieser Stelle sogleich fragen, wo kommt diese Energie her, denn die kleinen Stücke, aus denen sich die Erde einst geformt hat, waren ja alle relativ kalt. Ihre Temperatur war nicht viel höher als die Oberfläche der Erde heute, da sie ja als kleine Brocken die Sonne umkreisten. Als jedoch bei der Bildung der Erde diese Billiarden von meteorartigen Körpern auf den stets wachsenden Planeten stürzten, verwandelten sie ihre Bewegungsenergie in

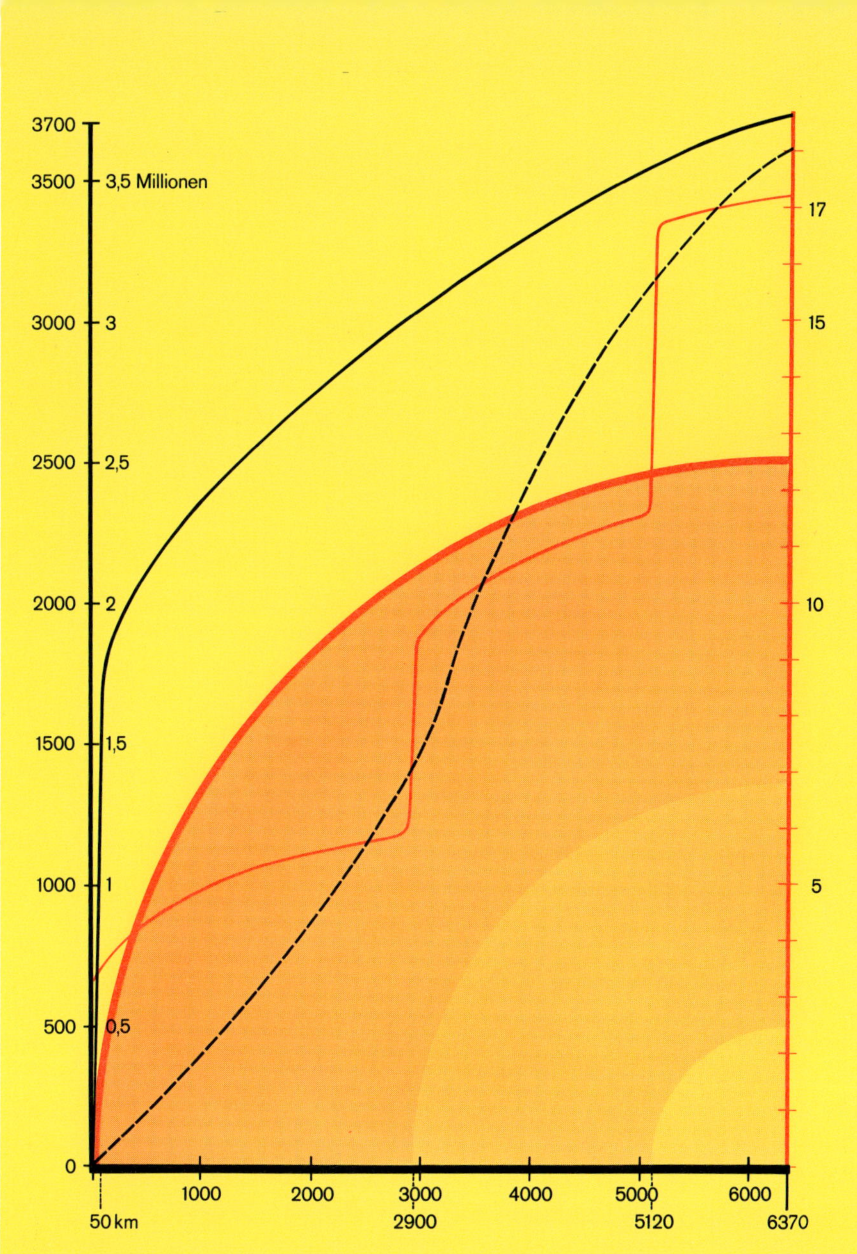

Aufbau des Erdkörpers mit dem Verlauf der drei wichtigsten Zustandsgrößen: Temperatur (in Grad Kelvin, das heißt in absoluter Temperatur, Skala links), Druck in Atmosphären (Skala links zur Mitte), Dichte (Wasser = eins, Skala rechts)

Wärme. Jeder Student der Physik kann ausrechnen, daß diese Energie groß genug ist, um einen Körper von der Größe der Erde unter diesen Umständen auf eine Temperatur von mehreren 1 000 Grad zu erhitzen. Die Prozesse, die einst zur Bildung unserer Erde geführt haben, sind auch heute noch nicht ganz abgeschlossen. Jeden Tag nimmt die Masse der Erde um etwa 1 000 Tonnen zu. So viel wiegen die Meteore und Sternschnuppen, die alle 24 Stunden auf die Erde stürzen. In jeder klaren Nacht können wir mit unseren eigenen Augen sehen, daß dabei eine gewaltige Energie umgesetzt wird. Die Geschwindigkeit, mit der die Meteore die Erde treffen, ist so groß, daß sie durch die Reibung an der Luft auf viele Tausende von Grad erhitzt werden und hell aufleuchten.

Seit ihrer frühesten Jugend ist daher die Erde mit dem überwiegenden Teil ihrer Masse überaus heiß. Diese Hitze wird durch die Erdkruste bewahrt, die – wie die Wand einer Thermosflasche – den Erdkörper in hohem Maße vor Wärmeverlusten schützt. Ja, es ist sogar so, daß die Erde im Laufe der Jahrmilliarden ihres Lebens als Ganzes eher heißer geworden ist, als daß sie sich abkühlte. Vor allen Dingen in den obersten Schichten befinden sich im Erdkörper radioaktive Elemente, die langsam Energie abstrahlen. Diese Energie verwandelt sich in Wärme, und die vorzügliche Isolation der Erdkruste hält auch diese Wärme zurück.

Wir haben alle schon von den Gefahren gelesen oder gehört, die den Menschen von Vulkanausbrüchen drohen, wenn ein breiter Strom glutflüssiger Lava die Flanken eines feuerspeienden Berges hinabfließt und unaufhaltsam Felder, Häuser und ganze Dörfer unter sich begräbt. Die Temperatur dieses glutflüssigen Gesteins beträgt über 1 000 Grad Celsius. Das ist die Temperatur, die wir im Innern der Erde in einer Tiefe von etwa 30 bis 50 Kilometern bereits vorfinden. Man stellt sich aus diesem Grunde oft vor, daß sich der ganze Erdball – abgesehen von der dünnen Kruste – in glutflüssigem Zustand befände. Das ist jedoch nicht der Fall. Wenn wir den Zustand der Materie im Innern der Erde betrachten, dürfen wir nicht vergessen, daß dieses Material unter einem gewaltigen Druck steht. Bei einer Temperatur von über 1000 Grad fließt die Lava wie ein zäher Brei und kann daher mit vollem Recht als glutflüssig bezeichnet werden. Dies gilt jedoch nur für die Bedingungen auf der Oberfläche der Erde, wo die Lava unter keinem Druck steht. In einer Tiefe von 50 Kilometern, wo

Das Bild links zeigt eine Sternschnuppe, die während einer Himmelsaufnahme zufällig fotografiert wurde: meteorisches Material dieser Art verursacht eine Massenzunahme der Erde von etwa 1000 Tonnen pro Tag.
Bild unten: Ausdünstungen der Vulkane tragen ständig zur Vermehrung der atmosphärischen Gase und Dämpfe bei

überall das Material über 1000 Grad heißt ist, herrscht jedoch bereits ein Druck von über 20000 Atmosphären. Unter diesen Bedingungen verhält sich die Lava völlig anders. Sie befindet sich dort in einem Zustand, den der Physiker als plastisch bezeichnet.

Das beste Beispiel für einen plastischen Körper in unserer täglichen Erfahrungswelt ist Siegellack. Eine Stange Siegellack ist ein fester Körper, und bei normaler Temperatur ist Siegellack sogar relativ hart und recht spröde. Wenn man eine Stange Siegellack auf einen Amboß legt und mit einem schweren Vorschlaghammer zuschlägt, so zerspringt die Stange in tausend Stücke wie ein Glasstab. Wenn man jedoch eine Stange Siegellack in eine Tasse legt und sie mehrere Jahre lang in Frieden läßt, dann stellt man hinterher fest, daß die Siegellackstange ihre ursprüngliche Form völlig verloren hat. Der Siegellack füllt dann den Boden der Tasse so sauber und glatt wie ein Kaffeerest. Damit sind die Eigenschaften eines plastischen Körpers am besten beschrieben. Für den unmittelbaren Augenschein ist es ein fester Körper – über lange Zeiträume hinweg jedoch benimmt er sich wie eine Flüssigkeit. So müssen wir uns die Struktur des Materials im Innern der Erde vorstellen.

Der kleine Umweg über den Siegellack war nötig, um das Werden und den inneren Aufbau des Erdkörpers zu verstehen, zu dem wir jetzt zurückkehren wollen. Wir haben gesehen, daß sich das Material, das sich bei der Bildung der Erde zusammenballte, sehr stark erhitzte und durch den Druck der immer größer werdenden Masse darüber gewaltig zusammengepreßt worden ist. Als Ganzes gesehen ist der Erdkörper unerhört hart; wenn man jedoch die Zeit rafft, ist er flüssig. Im Laufe der Entwicklung während der frühesten Jugend unseres Planeten haben sich die verschiedenen Materialien, aus denen die Erde aufgebaut ist, umgeschichtet; langsam, unendlich langsam floß das Material im Innern des Erdkörpers, viel langsamer noch als unsere Siegellackstange in der Kaffeetasse. Indessen, die Natur läßt sich Zeit, und sie hat Zeit. Niemals können wir schnellebigen Menschen uns je eine Vorstellung davon machen, wie geduldig die Schöpfung ist. Die Vorgänge, die sich in den ersten hundert Millionen Jahren nach der Geburt der Erde nicht ereigneten, sind dann eben im zweiten, dritten, vierten oder fünften Hundert der Jahrmillionen abgelaufen. Im wesentlichen hat sich dann das ereignet, was wir in einem flüssigen Erzbrei beobachten können. Die schweren Metalle sinken nach unten, und die leichte Schlacke schwimmt oben. Unten bei der kugelförmigen Erde bedeutet natürlich das Zentrum. Und so haben sich im Laufe dieser unvorstellbaren Zeiten die Materialien voneinander abgeschieden, und als Folge dieser Prozesse ha-

ben wir heute einen Planeten vor uns, der ähnlich wie eine Zwiebel aus konzentrischen Kugelschalen aufgebaut ist.
Beginnen wir oben: Ganz oben lagert das leichteste Material. Es ist die Erdkruste, knapp 30 bis 50 Kilometer dick, in der das Material Granit vorherrscht. Es ist erkaltet und erstarrt. Darunter kommt eine dünne Schicht von Basalt. Diese Basaltschicht, schwerer als der Granit, gehört auch noch zur Erdkruste. Dann folgt der Erdmantel, eine dicke Kugelschale aus dem Mineral Olivin, einem schweren Eisenmagnesiumsilikat. Während die Kruste nur eine sehr dünne Haut darstellt, die im Verhältnis dünner ist als die Schale eines Eis, reicht der Erdmantel fast 3 000 Kilometer in das Innere unseres Planeten hinein. Der Erdmantel ist eine gewaltige Kugelschale, die mehr als zwei Drittel der gesamten Masse unseres Planeten enthält. Ganz im Innern schließlich befindet sich der Erdkern mit einem Durchmesser von knapp 7 000 Kilometern, vermutlich eine unerhört dichte, heiße Masse aus Eisen und Nickel. Über den Erdkern allerdings wissen wir nicht allzugut Bescheid. Es gibt eine Reihe von Wissenschaftlern, die der Meinung sind, daß das Element Wasserstoff in einem besonderen physikalischen Zustand einen großen Teil der Masse des Erdkerns ausmacht.
Woher wissen wir das alles? Schließlich haben wir ja mit unseren tiefsten Bohrlöchern knapp eine Tiefe von 6 Kilometern erreicht und haben damit noch nicht einmal ein Fünftel der äußersten Schicht der Erdkruste durchbohrt. Der Mantel der Erde, ganz zu schweigen vom Erdkern, ist unerreichbarer als der entfernteste Planet des Sonnensystems.
Das gesamte Wissen über die Struktur des Erdinnern stammt von der Analyse der Ausbreitung von Erdbebenwellen.
Ein Erdbeben ist eine mehr oder minder starke Erschütterung, die von einem örtlich sehr eng begrenzten Herd ausgeht. Erdbebenherde liegen zumeist in einer Tiefe von 10 bis 100 Kilometern. In den obersten Schichten des Erdkörpers bauen sich im Laufe der Jahre, Jahrzehnte und Jahrhunderte Spannungen auf, die sich dann plötzlich und ruckartig entladen. Das Material der Erdkruste arbeitet gewissermaßen wie das Holz einer Wandtäfelung. Auch dort entstehen lokal Spannungen, die sich gelegentlich mit einem hörbaren Knack entladen. Ein Erdbeben ist ein ähnlicher Vorgang, lediglich übertragen auf die gewaltigen Dimensionen des Erdkörpers. Der Ort eines Erdbebens ist ein Erschütterungszentrum, von dem aus Wellen nach allen Seiten fortlaufen. Diese Wellen sind sehr schnell, und ihnen gegenüber verhält sich die Erde wie eine Kugel aus härtestem Stahl. Bei einem Erdbeben ist es genauso, als ob die Erde mit

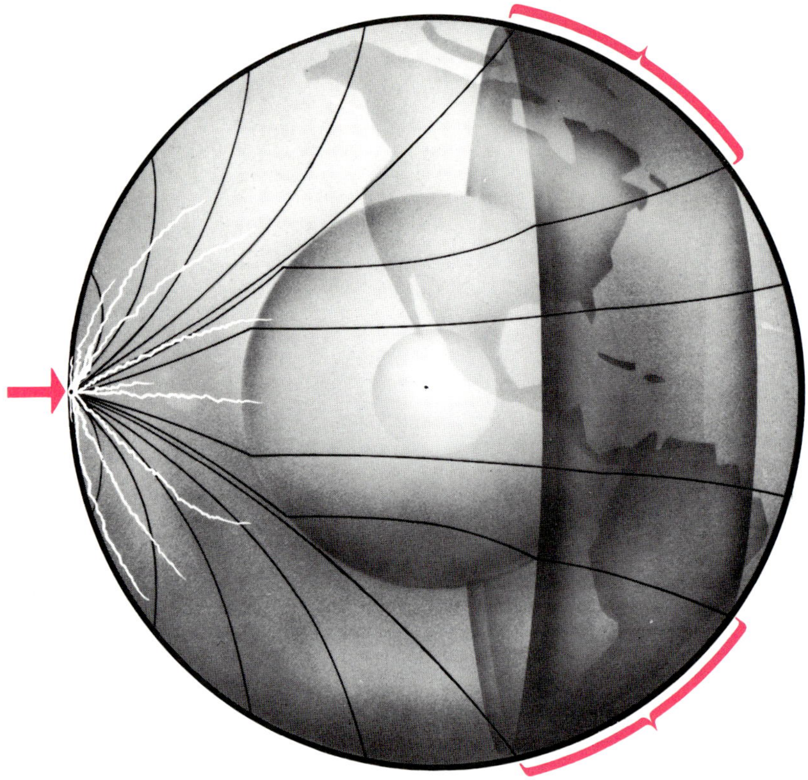

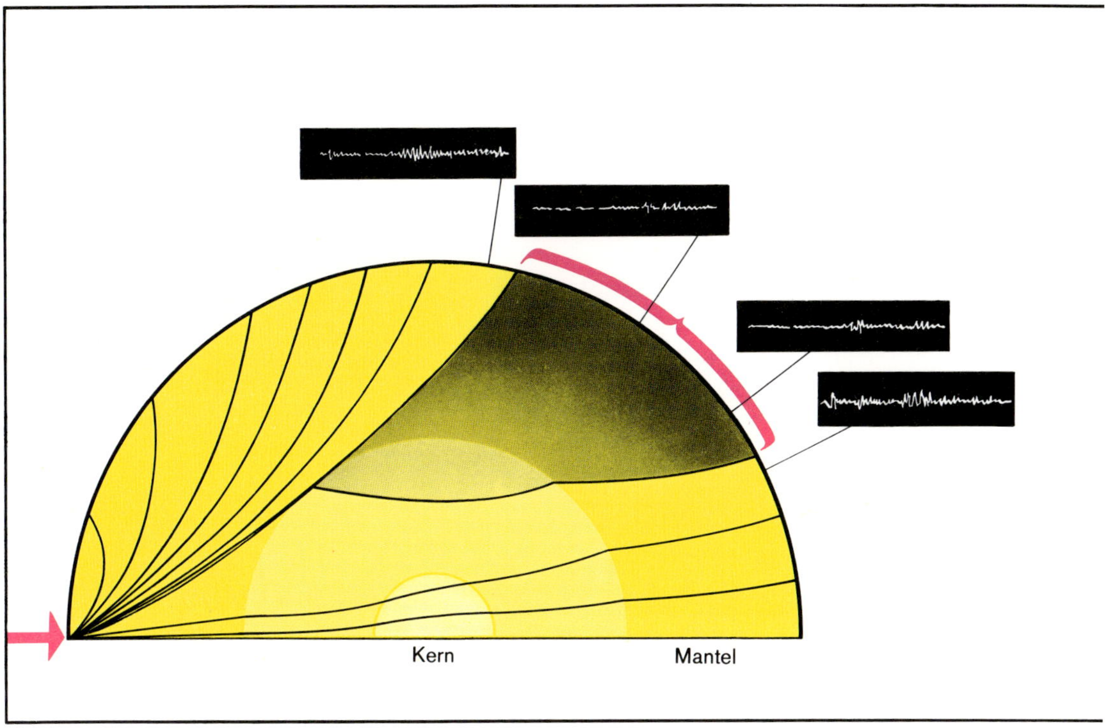

Gekrümmter Verlauf von Erdbebenwellen durch das Erdinnere.
An der Grenzfläche zwischen dem Erdmantel und dem Erdkern werden die Wellen zum Teil reflektiert und zum Teil stark gebrochen. Dadurch entsteht die sogenannte »Zone des Schweigens« (links), in der nur geringe Erschütterungen zu beobachten sind (siehe die Registrierkurven an den zugehörigen Stellen), während in der Kalotte gegenüber dem Herd wieder Wellen ankommen, die durch den Kern gelaufen sind

einem riesigen Klöppel gleich einer Glocke angeschlagen würde. Wenn man eine tönende Glocke mit den Fingerspitzen berührt, kann man das Zittern unmittelbar spüren, und ebenso ist es bei der Erde. Von dem Zentrum des Erdbebens aus laufen die Wellen nach allen Seiten fort; eine bestimmte Art von Wellen läuft an der Oberfläche des Planeten entlang, andere dringen in die Tiefe und durchsetzen den ganzen Erdkörper. Mit Hilfe von empfindlichen Instrumenten, den sogenannten Seismographen, kann man diese Erschütterungen Tausende von Kilometern vom Ort des Bebens entfernt aufzeichnen. Da sich in jedem Jahr viele Tausende von Erdbeben ereignen, haben die Geophysiker seit der Erfindung des Seismographen eine so große Zahl von Beobachtungen machen können, daß wir über die Ausbreitung der Erdbebenwellen heute relativ gut Bescheid wissen.

Die Erdbebenwellen, die, vom Herd ausgehend, in die Tiefe des Erdkörpers eindringen, laufen keineswegs in geraden Linien. Je tiefer sie in die Erde vordringen, um so dichteres Material müssen sie durchsetzen, und dadurch werden sie nach den Gesetzen der Physik gebrochen. Aus der Krümmung der Bahnen, die die Erdbebenwellen beschreiben, kann der Physiker dann Schlüsse ziehen über die Dichte des Materials, durch das die Wellen laufen. Besonders wichtig dabei ist, daß man beobachten kann, wie die Wellen sich verhalten, wenn sie auf eine Grenzfläche im Innern der Erde treffen. Wir haben vorhin ja gesehen, daß die Erde zwiebelartig aufgebaut ist: Im Innern der Erdkern, dann kommt die dicke Kugelschale des Mantels und außen die Erdkruste. Wenn die Erdbebenwellen auf diese Grenzflächen stoßen, werden sie reflektiert, ähnlich wie ein Lichtstrahl an einem Spiegel. Durch eine sorgfältige Analyse dieser Reflexionen der Erdbebenwellen konnte man eben die schalenförmige Struktur des Erdballes erkennen und die Dicke der einzelnen Kugelschalen messen.

Wir haben zuvor die Erdkugel ein paarmal mit einer Zwiebel verglichen. Das war vielleicht falsch; denn eine Zwiebel baut sich aus einer großen Zahl von etwa gleich dicken Schichten auf. Vielleicht hätten wir gleich zu Beginn die Erdkugel mit einem Hühnerei vergleichen sollen, wobei wir allerdings von der typischen Eiform absehen müssen und uns ein kugeliges Hühnerei vorstellen sollten. Bei diesem Vergleich entspricht dann der Erdkern dem Dotter; der Erdmantel entspricht dem Eiweiß und die Erdkruste der Schale. Wir haben dabei zudem noch den Vorteil, daß ein solches kugelig gedachtes Hühnerei in den Dimensionen seiner Bestandteile ziemlich genau denen der Erde entspricht. Der Erdkern ist etwa im Vergleich ebenso groß wie der Dotter, der Erdmantel entspricht maßstäblich gesehen dem Eiweiß, und auch die Schale hat ver-

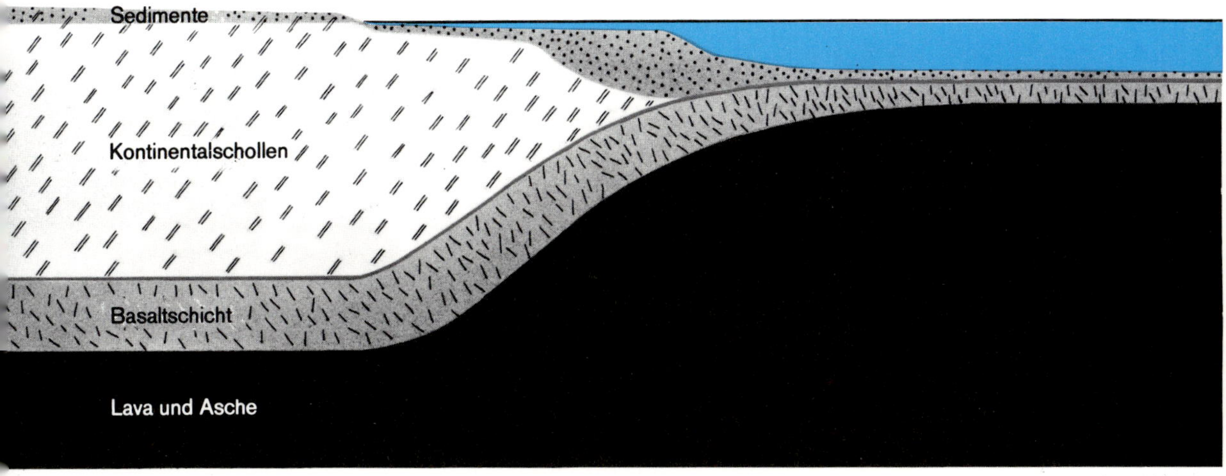

Querschnitt durch die Erdkruste mit 5facher vertikaler Überhöhung

gleichsweise dieselbe Dicke wie die Erdkruste. Die Möglichkeit, daß wir diesen Vergleich ziehen können, ist natürlich nur rein zufällig, und man sollte bestimmt nicht den Fehler begehen, aus der Ähnlichkeit, die im Aufbau der Erde und eines Hühnereis besteht, gewisse mystische Konsequenzen abzuleiten, wie es vielfach geschehen ist. Das wäre falsch. Ein Hühnerei ist das Produkt von sehr komplexen physiologischen Vorgängen, und die Erde ist ein Planet. Stofflich sind sie voneinander völlig verschieden.

Da wir auf der Oberfläche der Erde leben, ist uns natürlich die oberste Schicht, das heißt die Erdkruste, oder – um bei unserem Vergleich zu bleiben – die Schale des Eies am besten bekannt. Die Erdkruste ist dem Forscherdrang des Menschen unmittelbar zugänglich. Man kann sie mit den Mitteln der Geologie erforschen, sie ist dünn genug, daß man sie anbohren kann, und aus diesem Grund wissen wir über den Aufbau und über die Zusammensetzung der Erdkruste am besten Bescheid. Wir haben vorhin schon einmal davon gesprochen, daß sich die Erdkruste primär aus zwei verschiedenen Materialien zusammensetzt, von denen das eine leichter ist als das andere. Oben sitzt eine Schicht aus Granit, und darunter befindet sich eine Schicht aus Basalt. Chemisch gesehen heißt das, daß sich die oberste Schicht primär aus den Elementen Silizium und Aluminium zusammensetzt, während in den tiefer gelegenen und schweren Schichten die Elemente Silizium und Magnesium vorherrschen. Aus diesem

Grunde haben die Geologen und Geochemiker zwei besondere Namen für diese Schichten geprägt. Sie nennen die oben liegende leichtere Schicht »Sial«, abgeleitet natürlich von Silizium und Aluminium. Die darunter liegende schwerere Schicht wird »Sima« genannt – wiederum natürlich abgeleitet von den Bezeichnungen der Elemente Silizium und Magnesium.
Wir wissen, daß die Kontinente, das heißt das trockene Land, in der Hauptsache aus Sial-Schollen bestehen, während der Meeresboden der Sima-Schicht zuzuordnen ist. Dabei hat sich ein merkwürdiges Faktum herausgestellt: An all den Stellen, wo sich die Kontinente befinden, ist die Erdkruste beinahe doppelt so dick im Vergleich zu den Bereichen des Meeresbodens. Die Kontinentalschollen – und daher stammt auch diese sehr treffende Bezeichnung – sind gewaltige Platten leichten Materials, die in dem schweren plastischen Stoff des Erdmantels gewissermaßen schwimmen. Einen Kontinent kann man in gewisser Weise mit einem Stück Knäckebrot vergleichen, das auf einem Erbsbrei schwimmt, während die schwerere Sima-Schicht – um bei diesem Bild zu bleiben – mit der etwas angetrockneten Haut des Erbsbreies verglichen werden kann. Diese angetrocknete Haut bildet sowohl die weiten Flächen des Meeresbodens als auch die Basis der Kontinentalschollen, im Vergleich die Basis des Knäckebrots, das auf dem Erbsbrei schwimmt. Daß es mit dieser Knäckebrottheorie in der Tat eine Bewandtnis haben muß, ist schon lange bekannt. So hat man zum Beispiel festgestellt, daß die nördlichen Teile der Kontinente, wie Skandinavien in Europa und Kanada in Amerika, langsam aufsteigen. An der Küste von Schweden und Norwegen beobachtet man, daß Felsen, die heute zehn, zwanzig und mehr Meter über dem Meer liegen, noch deutliche Spuren einer urtümlichen Küstenlinie aufweisen. Diese Erscheinung kann man sehr gut verstehen. Vor etwa hunderttausend Jahren, während der letzten Phase der Eiszeit, waren die nördlichen Bereiche der Kontinente unter einem kilometerdicken Eispanzer begraben. Dieses gewaltige Gewicht, das mehrere hunderttausend Jahre auf ihnen lastete, hat sie in den weichen Untergrund des Erdmantels hineingedrückt. Als dann vor etwa fünfundzwanzigtausend Jahren die letzte Eiszeit ihr Ende fand und die riesigen Gletscher dahinschmolzen, wurden sie von dieser Last des Eises befreit. Es ist also genauso, als ob man ein Schiff, das schwerbeladen in einem Meer von Teer schwamm, plötzlich entlädt. An dieser Stelle müssen wir uns erinnern, daß das Material des Erdmantels, in dem die Kontinente wie Schiffe schwimmen, plastisch ist. Es ist keine Flüssigkeit, wie wir es vom Wasser her kennen, sondern es ist eine zähe Masse. Als die Kontinente beim Ende der letzten Eiszeit ihre Eislast verloren, hat es noch

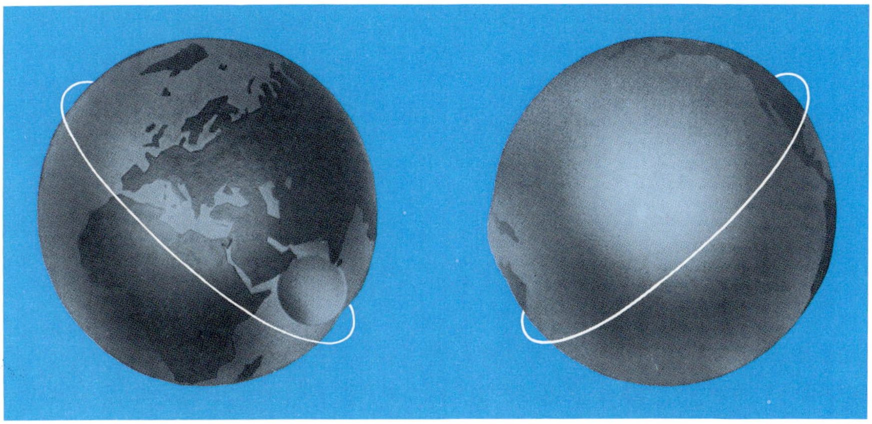

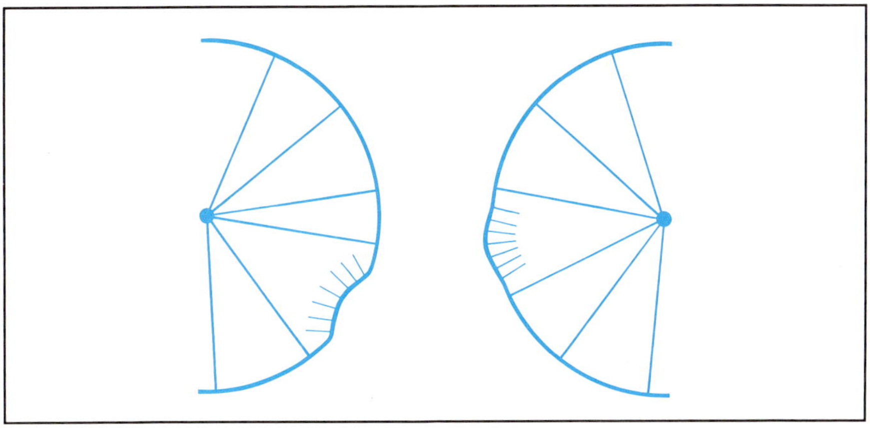

Störungen im Lauf eines künstlichen Satelliten haben gezeigt, daß die Erde im Indischen Ozean eine kleine Delle (Tiefe etwa 48 Meter, hier übertrieben gezeichnet) und im südwestlichen Pazifik eine ähnlich große Beule besitzt.
Unten: Schematische Zeichnung des Verlaufs des Schwerefeldes der Erde im Bereich der Anomalien. Die Feldlinien des Schwerefeldes stehen jeweils senkrecht auf der Wasseroberfläche; das Wasser gleicht daher diese Anomalien nicht aus

Tausende von Jahren gedauert, bis sie sich ganz langsam erhoben. Dieser Prozeß ist auch heute noch nicht abgeschlossen.
Die Ergebnisse über den inneren Aufbau der Erde stammen in der Hauptsache – ja man kann sogar sagen fast ausschließlich – vom Studium der Ausbreitung von Erdbebenwellen im Innern der Erde. Es versteht sich daher sehr gut, daß die Geophysiker mit großem Eifer nach weiteren Möglichkeiten geforscht haben, um diese Vorstellungen zu bestätigen, zu ergänzen oder vielleicht sogar zu revidieren.
Es ist nun ein besonders schönes Beispiel für den engen Zusammenhang zwischen den verschiedensten Wissenschaftsgebieten, daß die Erforschung des Erdinnern durch die moderne Technik der Weltraumfahrt heute erstaunlich gefördert werden kann. Ein solches Ergebnis würde man zunächst überhaupt nicht vermuten, denn die allgemeine Richtung der Weltraumforschung geht ja von der Erde weg – sie entfernt sich demnach von dem Objekt unserer gegenwärtigen Diskussion. Dennoch besteht die erstaunliche Tatsache, daß ein künstlicher Satellit, der die Erde in einer Entfernung von Hunderten von Kilometern umkreist, über den inneren Aufbau der Erde Auskunft geben kann.
Um dies zu verstehen, müssen wir uns zunächst einmal klarmachen, daß ein künstlicher Erdsatellit durch die Schwerkraft unseres Planeten in seiner Bahn gehalten wird. Ganz allgemein ist die Bahn eines Himmelskörpers um einen Zentralkörper nach den Gesetzen der Schwerkraft durch die Masse des Hauptkörpers bestimmt. Im Grunde sind die physikalischen Gesetze, die man zu der mathematischen Berechnung der Bahnen eines Satelliten anwendet, sehr einfach, und die mathematischen Gleichungen, die man dazu benutzt, können von jedem begabten Primaner oder sogar Sekundaner verstanden werden. Allerdings liegt diesen Gleichungen eine sehr fundamentale Vereinfachung zugrunde. Man macht dabei nämlich die Annahme, daß die gesamte Masse des Zentralkörpers in seinem Mittelpunkt vereinigt sei, und der Ansatz der Gleichungen zur Berechnung der Bahnen des Satelliten beruht auf dieser Vereinfachung.
Der Entdecker des Gravitationsgesetzes, der Engländer *Isaac Newton*, der als erster die berühmten Gleichungen zur Berechnung der Mond- und Planetenbahnen aufgestellt hat, ist auch der Begründer dieser Vereinfachung. Es ist bekannt, daß *Newton* das Gravitationsgesetz bereits als junger Mann entdeckt und dann noch jahrzehntelang gewartet hat, bis er diese fundamentale Entdekkung veröffentlichte. Der Grund für sein langes Zögern war eben der, daß er zuerst die Berechtigung für diese vereinfachte Annahme nachweisen mußte. Es

gelang ihm schließlich zu zeigen, daß das Schwerefeld eines Himmelskörpers von durchweg gleichförmiger Dichte und völlig homogenem Aufbau sich genauso verhält, als ob die gesamte Masse des Himmelskörpers, rein mathematisch gedacht, in seinem Mittelpunkt vereinigt sei. Im Besitz dieses Beweises, konnte *Newton* dann sein berühmtes Gravitationsgesetz in dieser vereinfachten Form erfolgreich anwenden.

Nun haben wir ja eben gesehen, daß die Erde kein Körper ist, der durch das ganze Innere hindurch völlig gleichmäßig und homogen aufgebaut ist. Im Innern befindet sich der schwere Erdkern, dann folgt der leichtere Mantel und ganz außen schließlich die noch leichtere Erdkruste. Hinzu kommt, daß die Erdkruste an verschiedenen Stellen der Kontinente und Ozeane eine recht unterschiedliche Dicke aufweist. Ferner ist die Erde keineswegs eine mathematisch genaue Kugel; ihre Oberfläche ist angerauht, und als Folge der Rotation um ihre eigene Achse ist sie an den Polen abgeflacht. Alle diese Bedingungen führen dazu, daß das Schwerkraftfeld der Erde keineswegs völlig homogen und gleichförmig ist, wie es dem mathematischen Idealfall entspräche. Ein künstlicher Satellit der Erde, der bei seinem Umlauf um den Planeten durch das Schwerefeld der Erde in empfindlicher Weise gesteuert wird, muß also mit seinen Bewegungen jede Unregelmäßigkeit des Gravitationsfeldes aufzeigen. Dies ist in der Tat der Fall. Durch sorgfältige Analyse der Feinbewegung eines künstlichen Satelliten ließen sich wertvolle Rückschlüsse ziehen auf Unregelmäßigkeiten im Schwerefeld der Erde, die ihrerseits wiederum in dem unterschiedlichen Aufbau des Erdkörpers ihren Ursprung haben müssen. Diese Forschungen sind jedoch bei weitem noch nicht abgeschlossen. Indessen haben sich schon sehr wertvolle Ansätze dafür ergeben, daß die moderne Technik der Weltraumfahrt uns auch über den inneren Aufbau des Erdkörpers bedeutende Hinweise geben kann. Es sei an dieser Stelle nur gesagt, daß die ersten Ergebnisse dieser interessanten Forschungsmethode die wesentlichen Züge im Aufbau unserer Erde bestätigt haben.

Da wir auf der Oberfläche der Erde leben, wissen wir natürlich über die Struktur der obersten Schichten des Erdkörpers, und zwar über die Erdkruste, am besten Bescheid. Es besteht kein Zweifel darüber, daß die Zweiteilung in Wasser und Land – oder besser gesagt in Kontinentalschollen und Meeresboden – eine sehr erstaunliche Tatsache ist. An dieser Frage sind die Wissenschaftler lange vorbeigegangen. Erst in jüngster Zeit hat eine hochinteressante Hypothese uns die Möglichkeit gegeben, diese eigenartige Erscheinung zu deuten. Es ist dies die Hypothese von der Expansion der Erde.

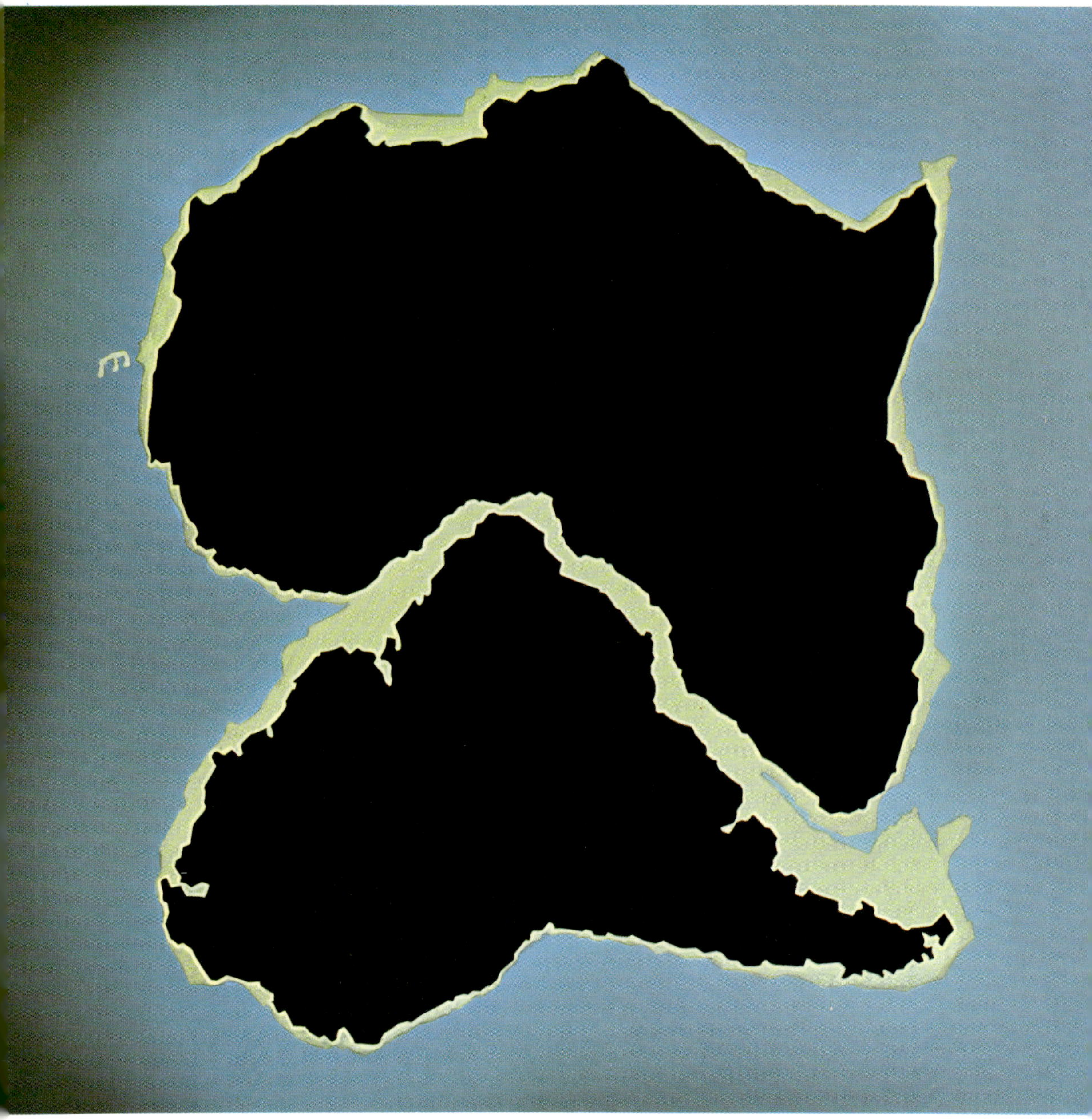

3_Die Expansion der Erde

Die auffälligste Gliederung auf der Oberfläche unseres Planeten ist die Trennung in Wasser und Land. Wir müssen uns daher fragen, wie die Kontinentalschollen wohl entstanden sind. Die moderne Hypothese von der Expansion der Erde gibt dafür eine sehr elegante Erklärung.
Wenn wir Menschen unsere Erde mit ihren Schwesterwelten in unserem Planetensystem vergleichen, so können wir ohne weiteres behaupten, daß unser Planet wirklich etwas Besonderes ist, ohne daß man uns deshalb anklagen könnte, Lokalpatrioten zu sein. Die Erde ist nämlich der einzige Planet, der durch den Besitz eines Weltmeeres ausgezeichnet ist. Alle anderen Planeten und alle ihre Monde, einschließlich des Erdmondes, sind entweder völlig trockene Wüsten, oder sie sind bedeckt mit gewaltigen Panzern von gefrorenem Ammoniak und Eis. Ja, es ist sogar so, daß wir es nur einer Besonderheit in der Entwicklung unseres Planeten verdanken, daß seine Oberfläche nicht zu 100 Prozent aus Wasser besteht, das heißt aus einem Weltmeer, das von Pol zu Pol reicht und auch nicht eine einzige kleine Insel aufweist. Wäre nämlich die Erde eine völlig glatte Kugel, so würden die gewaltigen Wassermassen des Meeres ausreichen, die gesamte Kugel mit einem großen Ozean zu bedecken, der eine Tiefe von 2500 Metern hätte. Die Erde wäre dann ein Planet mit einer wahrhaft flüssigen Oberfläche.

Wenn man die Kontinente Afrika und Südamerika mit den Umrissen ihrer sogenannten Kontinentalschelfe zusammenfügt, erzielt man eine vorzügliche Passung. Diese Passung wird von Verfechtern der Expansionstheorie als überzeugender Beweis angeführt

Erfreulicherweise für uns Menschen und für alle Tiere des Landes ist dies jedoch nicht der Fall, sondern die Meere beschränken sich nur auf 71 Prozent der Oberfläche unseres Planeten; das ist immerhin noch ein erheblicher Anteil, und man macht sich selten klar, daß die gesamte Landfläche der Erde – alle Kontinente, alle Inseln, ja sogar einschließlich der vereisten Polarkappen – weniger als ein Drittel der Gesamtoberfläche unseres Planeten ausmacht.
Wir haben vorhin den Begriff der Kontinentalschollen erwähnt, die wir in Kapitel 2 schon etwas ausführlicher behandelt haben. Wir konnten feststellen, daß der Erdkörper ähnlich wie ein Ei aufgebaut ist, das wir uns allerdings nicht typisch eiförmig, sondern als eine Kugel vorstellen müssen. Im Innern befindet sich der Erdkern, der dem Dotter entspricht; er enthält den dichtesten Teil des Erdkörpers. Dann folgt der Erdmantel, der dem Eiweiß entspricht. Der Erdmantel besteht vermutlich in der Hauptsache aus dem schweren Mineral Olivin. Dann folgt die Eierschale, der die Erdkruste entspricht. Die Erdkruste selbst ist wie eine Art erstarrter Schlacke, die auf dem plastischen Material des Erdmantels schwimmt. An dieser Stelle jedoch hört der Vergleich der Erdkruste mit einer Eierschale auf, denn im Gegensatz zu einer Eierschale besteht die Erdkruste aus zwei verschieden schweren, übereinander gelagerten Schichten, und zum zweiten ist die Erdkruste im Gegensatz zu einer Eierschale keineswegs überall gleich dick.
Die untere und natürlich auch schwerere Schicht der Erdkruste besteht vorwiegend aus schwerem Basalt, während die leichtere, darüberliegende Schicht aus Granit besteht. Es hat sich nun gezeigt, daß die Kontinentalschollen gewaltige Granitplatten sind, 20 bis 30 Kilometer dick, die auf einer dünnen, etwa 5 bis 10 Kilometer starken Basaltschicht aufliegen. Der Boden der Tiefsee dagegen besteht lediglich aus einer dünnen, ein paar Kilometer tiefen Schicht von Sedimenten, das heißt von abgelagerten Massen, die unmittelbar auf der schweren Basaltschicht der Erde aufliegen. Die Erdkruste ist also am Boden der See am dünnsten, und die Kontinentalschollen sind in gewisser Weise verdickte Stellen der Erdkruste, die in dem plastischen Material des Erdmantels darunter wie Eisberge schwimmen und daher so hoch herausragen, daß sie über dem Meeresspiegel liegen. Es ist dabei so, daß die Kontinentalschollen unter den Hochgebirgen am tiefsten in den Erdmantel hineinreichen. Wie ein hochbeladenes Schiff haben die Kontinentalschollen an diesen Stellen auch den größten Tiefgang.
Diese auffallende Zweiteilung in Wasser und Land, über die wir vorhin schon gesprochen haben, ist also keineswegs eine Erscheinung, die sich lediglich auf

Verteilung der prozentualen Häufigkeit, mit der die verschiedenen Niveaus auf unserer Erde auftreten; auffallend sind zwei deutliche Maxima – das Meeresniveau und die Tiefe von 5000 Metern unter dem Meer –, die sich nur mit der Expansionstheorie befriedigend erklären lassen

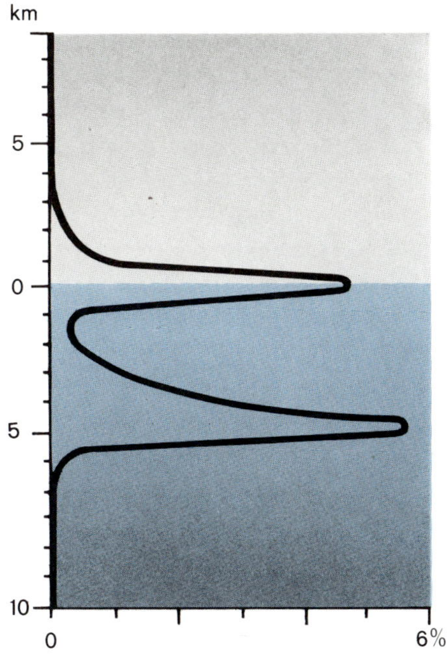

die äußerste Oberfläche der Erde beschränkt. Sie reicht rein geometrisch ganz erheblich auch in die Tiefe des Erdkörpers hinein, und sie ist auch durch deutliche Unterschiede im chemischen Aufbau der Kontinente im Vergleich zum Meeresboden ausgezeichnet. Diese Zweiteilung ist daher ein sehr auffallendes Phänomen, das die Physik, die Chemie, die Dynamik, aber auch vor allem die Geometrie der Erdoberfläche ganz typisch kennzeichnet. Wollen wir uns zunächst einmal über die Geometrie dieser auffallenden Tatsache unterhalten und versuchen, dafür eine Erklärung zu finden. Wenn uns das gelingen sollte, dann wissen wir, wie einst – man möchte sagen – die biblische Scheidung von Wasser und Land zustande gekommen ist.

Schon vor langer Zeit hat der 1931 gestorbene deutsche Geophysiker *Alfred Wegener* auf die extremen Verhältnisse in der Höhenverteilung der obersten Begrenzung der festen Erdkruste hingewiesen. Wenn man die Häufigkeitsverteilung der Höhen graphisch aufträgt, so stellt man fest, daß zwei Höhenstufen alle anderen an Häufigkeit weit überragen. Es besteht zwar zwischen den höchsten Gipfeln der Hochgebirge und den tiefsten Gräben des Meeresbodens eine Höhendifferenz von etwa 20 Kilometern. Allerdings sind große Höhen und äußerste Tiefen sehr selten und umfassen nur einen kleinen Bruchteil der Erdoberfläche. Weitaus die größte Zahl der Quadratkilometer der Erdoberfläche findet sich entweder in einer Tiefe von knapp 5 Kilometern unter dem Meeresspiegel beziehungsweise in einer Höhe von einigen hundert Metern über dem Meeresspiegel. Das unterseeische Niveau entspricht dabei dem Tiefseeboden, der über Millionen von Quadratkilometern quer durch die großen Ozeane vielfach recht eben verläuft und dabei in einer Tiefe von etwa knapp 5 Kilometern liegt. Allerdings ist es an vielen Stellen durch unterseeische Gebirge nach oben und durch Tiefseegräben nach unten gegliedert. Das Höhenniveau von einigen hundert Metern über der Seehöhe findet sich wieder in den ausgedehnten Ebenen aller Kontinente, die flächenmäßig nur zu einem geringen Umfang durch Mittelgebirge, noch seltener durch Hochgebirge unterbrochen sind. Diese auffallende Zweiteilung ist schon seit Jahrzehnten bekannt, und man hat sie bisher immer als rein zufällig hingenommen. Wir könnten jedoch unserem Thema von der Entstehungsgeschichte unseres Planeten nicht gerecht werden, wenn wir diese auffallende Zweiteilung in der Höhenschichtung, die die Oberfläche des festen Erdkörpers aufweist, ohne Erklärung lassen würden.

Ohne diese Zweiteilung gäbe es kein trockenes Land, denn ohne sie wäre unsere Erde, wie vorhin schon angedeutet, mit einem einzigen Weltmeer, das von Pol zu Pol reichen würde, bedeckt.

Wir haben gerade eben den deutschen Geophysiker *Alfred Wegener* zitiert, von dem auch eine weitere, sehr interessante Beobachtung stammt, die ebenfalls zu unserem Thema gehört. Es dreht sich dabei um die auffallende Ähnlichkeit in den Umrissen der Westküste Afrikas und der Ostküste Südamerikas. Wenn man diese Kontinente auf Papier aufzeichnet und ausschneidet, so kann man sie nahezu lückenlos aneinanderfügen, wobei der weit nach Osten vorspringende Teil Südamerikas bei Pernambuco, östlich der Mündung des Amazonas, in den Golf von Guinea an der Westküste Afrikas hineinpaßt. Es ist darauf hingewiesen worden, daß die Passung, trotz ihrer Auffälligkeit in den wesentlichen Zügen, in den Details nicht allzu genau ist. Jedoch haben diese Kritiker vielleicht einen Fehler gemacht, denn sie haben sich auf die geographischen Küstenlinien der beiden Kontinente bezogen. Geometrisch, physikalisch und geologisch ist das vielleicht nicht ganz richtig. Die Küstenlinien der Kontinente sind ja in ihrer heutigen Gestalt nur ein Zufallsprodukt, abhängig von der heute gerade bestehenden Höhe des Meeresspiegels. Sollte der Meeresspiegel nur um ein paar hundert Meter steigen oder fallen, so würden sich die geographischen Umrisse der Kontinente gewaltig ändern, stellenweise bis zur Unkenntlichkeit. Wenn man nach den wahren Grenzen der Kontinentalschollen Ausschau hält, die von der zufälligen Höhe des Meeresspiegels unabhängig sind, so muß man die Umrisse des sogenannten Kontinentalabfalles ins Auge fassen. Es ist ja bekannt, daß jedem Kontinent, von der Küste ausgehend, ein unter dem Wasser liegender Sockel vorgelagert ist, der Schelf genannt wird. An diesen Stellen ist das Meer nur ein paar hundert Meter tief, während schließlich die Kontinentalschollen weiter draußen in einem relativ steilen Absturz in die Tiefsee abfallen. An dieser Stelle liegt, geometrisch gesehen, der Übergang von der Höhenstufe der Kontinente in die Höhenstufe des Tiefseebodens, von denen wir vorhin gesprochen haben. Dies sind die wahren Grenzen der Kontinentalschollen. Der australische Geophysiker *Carey* hat nun gezeigt, daß die Kontinente Afrika und Südamerika mit den Grenzen ihrer Kontinentalabfälle in der Tat so genau zusammenpassen, daß dies wohl keineswegs auf einem Zufall beruhen kann.

Hinzu kommt noch, daß die entsprechenden geologischen Formationen der afrikanischen Westküste und der südamerikanischen Ostküste an den entsprechenden Stellen die gleichen sind, so daß man heute kaum mehr daran zweifeln kann, daß diese beiden Kontinente, die heute durch die Weite des Atlantischen Ozeans getrennt sind, in grauer Vorzeit in der Tat einmal ein einheitliches Gebilde dargestellt haben müssen.

Das war ja auch die Behauptung, die *Wegener* schon vor einigen Jahrzehnten aufgestellt hat, und zwar in Form seiner berühmten Theorie der Kontinentalverschiebung. *Wegener* hatte sich vorgestellt, daß alle Kontinente der Erde früher einmal einen zusammenhängenden Urkontinent gebildet haben, der als eine einzige große Insel etwa ein Drittel der gesamten Erdoberfläche beanspruchte, während der Rest vom Meer bedeckt war. Geologische Kräfte im Laufe der Zeit sollen nun diesen Urkontinent in einzelne Stücke zerbrochen haben, die dann durch die Zentrifugalkraft der Erdrotation auseinandergetrieben worden sind und sich in der heute vorliegenden, relativ gleichmäßigen Verteilung über die gesamte Erde angeordnet haben.

Es war dies eine geniale Idee, die die wissenschaftliche Welt von damals aufgerüttelt und die Geophysiker und Geologen lange Zeit ernsthaft beschäftigt hat. Indessen ist später nachgewiesen worden, daß die Zentrifugalkräfte der Erdrotation bei weitem nicht ausreichen, einen solchen Urkontinent in Stücke zu zerreißen und diese auseinanderzutreiben. Wir haben vorhin schon die Kontinente mit Eisschollen verglichen, die in dem zähen plastischen Material des

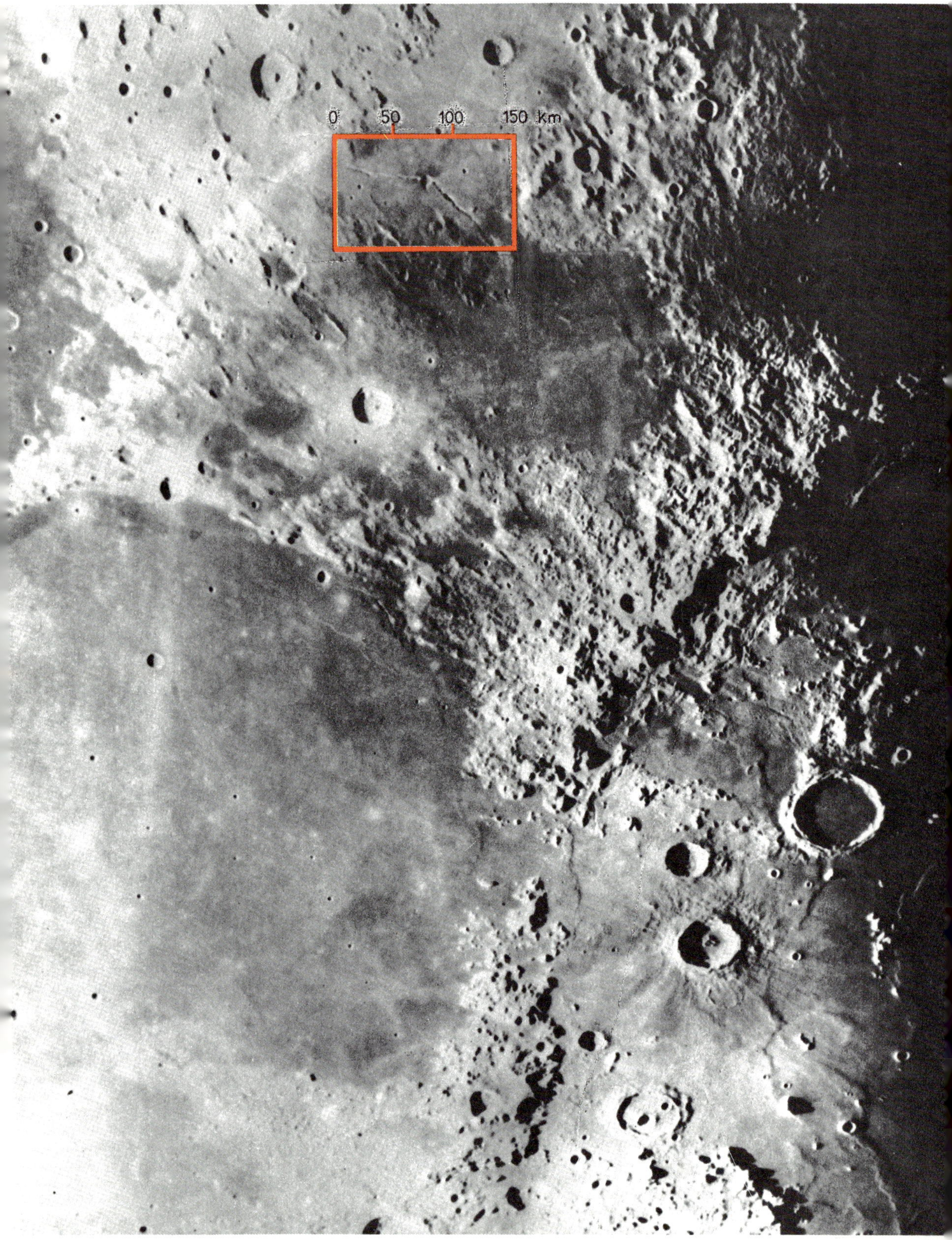
0 50 100 150 km

Erdmantels gewissermaßen schwimmen. Dieses Material ist jedoch so zäh, daß ungeheure Kräfte dazu gehören, um eine Kontinentalscholle darin zu verschieben. Dieser Einwand war so schwerwiegend, daß diese unerhört reizvolle Theorie *Wegeners* aufgegeben werden mußte.

Trotz der Verwerfung der Theorie von *Alfred Wegener* blieb die erstaunliche Tatsache bestehen, daß die Umrisse der Kontinentalschollen in so auffallender Weise zusammenpassen, wofür Afrika und Südamerika das beste Beispiel sind. Auch haben wir noch überhaupt keine Erklärung dafür gefunden, daß die Oberfläche der Erde jene ebenfalls auffallende Zweiteilung in der Häufigkeit der Niveaus aufweist. Der bekannte deutsche Physiker Professor *Pascual Jordan* hat in der Zeitschrift »Bild der Wissenschaft«, Heft 12, 1965, erneut eine Darstellung einer kühnen Hypothese gegeben, welche nicht nur diese beiden wichtigen noch offenen Fragen in der Entwicklung unseres Planeten zu lösen vermag, sondern gleichzeitig auch noch eine große Zahl anderer, auffälliger Erscheinungen im Gefüge der Erde verständlich macht. Der Titel dieses Aufsatzes lautete: »Die Expansion der Erde«.

Links: Fotografie einer sogenannten Mondrille –
der Hyginus-Rille – in der Nähe des Mondgebirges der Apenninen.
Unten: Ein vergrößerter Ausschnitt.
Diese Rillen werden von der Expansionstheorie als Platzrisse gedeutet

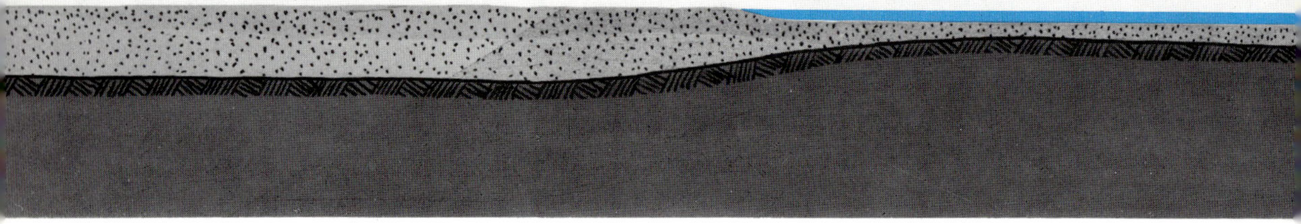

Querschnitt durch die Erdkruste mit ihrer Zweiteilung in die obere »Sial«- und die untere »Sima«-Schicht. Die Erdkruste ist bei den Kontinenten am dicksten

In diesem Artikel wies Professor *Jordan* darauf hin, daß sich die Erde mit großer Wahrscheinlichkeit in einem ständigen, langsamen Vorgang der Ausdehnung befindet. Diese neuartige Vorstellung, ganz im Gegensatz zu dem klassischen Vorbild des schrumpfenden Apfels, beschäftigt heute eine große Zahl von führenden Forschern, die erkannt haben, daß sich zahlreiche Züge im Erscheinungsbild unserer Erde besser deuten lassen, wenn man an Stelle einer fortlaufenden geringen Kontraktion des Erdkörpers gerade das Gegenteil annimmt, nämlich eine sich auf die ganze Erdgeschichte erstreckende erhebliche Expansion des Planeten.

Diese Hypothese ist so revolutionär und steht so im Gegensatz zu den bisherigen Vorstellungsbildern, daß wir zunächst am besten etwas darüber sagen, wie eine solche Expansion überhaupt zustande kommen kann und wo die physikalischen Kräfte für einen solchen urgewaltigen Vorgang gesucht werden können.

Die Erde wird durch die Schwerkraft zusammengehalten, durch die Anziehungskraft der einzelnen Teile, aus denen sie besteht, so daß das gesamte Material zu einer Kugel zusammengezogen wird. Diese Kraft ist so gewaltig, daß bereits am unteren Ende der dünnen Erdkruste ein Druck von 20 000 Atmosphären herrscht, der auf dem Wege zum Erdkern bis zu einem Wert von rund 3 Millionen Atmosphären ansteigt. Das bedeutet, daß im Innersten der Erde auf jedem Quadratzentimeter ein Gewicht von 3 000 Tonnen lastet. Es ist zunächst unvorstellbar, daß es überhaupt eine physikalische Kraft gibt, die durch den ganzen Erdball hindurch diesen riesenhaften Druck überwinden kann, um die ganze Erdkugel zu einer Expansion – ähnlich einem Gummiballon, den man aufbläst – zu veranlassen. Diese Tatsache schwebte natürlich auch den Physikern und Geologen vor Augen, die zum ersten Mal die Hypothese

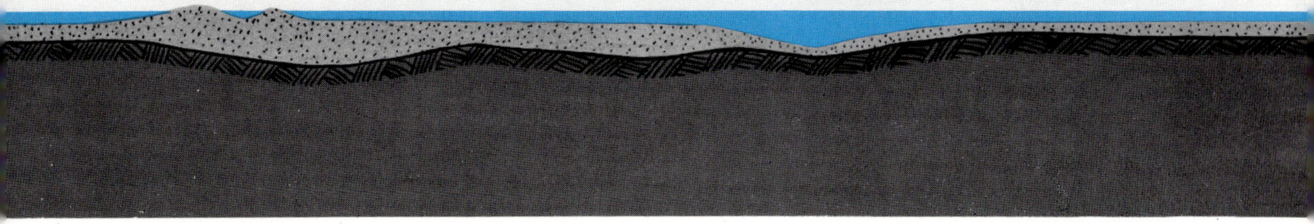

von der Expansion der Erde in Erwägung zogen. Sie haben daher ihre Hypothese an einer ganz entscheidenden Stelle angesetzt, und zwar am Wesen der Schwerkraft selbst, die ja für die Zusammenpressung des Erdballs und damit letztlich für seine Größe verantwortlich ist. Je stärker nämlich die Schwerkraft ist, um so mehr wird das Material der Erdkugel zusammengepreßt und um so kleiner wird die Erdkugel. Wenn sich das universelle Maß der Schwerkraft aus irgendeinem Grund plötzlich verdoppeln würde, so würde das Gewicht der über dem Erdkern lastenden Schichten verdoppelt werden, und der Erdball würde sich mit einem katastrophalen Ruck verkleinern. Umgekehrt, wenn sich das universelle Maß der Schwerkraft verringern sollte, dann würde das Material im Innern der Erde teilweise von dem Gewicht der darüberliegenden Schichten entlastet werden, und die Erde als Ganzes würde sich ausdehnen, sie würde größer werden, als sie heute ist. Seit der Formulierung des Wesens der Schwerkraft durch den englischen Physiker *Isaac Newton* vor 300 Jahren hat man es als selbstverständlich hingenommen, daß die Größe dieser Kraft zu den fundamentalen Naturkonstanten der Schöpfung gehört und daß sie – ebenso wie die Lichtgeschwindigkeit und die Masse des Elektrons – sich niemals ändert. Aus diesem Grunde nennt man ja solche fundamentalen Größen »Naturkonstanten«.

Der englische Physiker und Nobelpreisträger *Dirac* hat allerdings schon vor über 30 Jahren die Vermutung begründet, daß sich das universelle Maß der Schwerkraft im Laufe der Geschichte des Universums außerordentlich langsam, aber stetig verringert. Es würde zu weit führen, die Gründe anzugeben, die diesen hervorragenden Wissenschaftler zu seiner Vermutung bewegt haben, und es soll genügen, seine Schlußfolgerungen als eine Möglichkeit zu akzeptieren.

Was bedeutet die Hypothese von *Dirac*? Stellen wir uns vor, daß zwei Stahlplatten, jede 1 Zentimeter dick und 60 Tonnen schwer, im Weltall nebeneinander schweben, und zwar in einem Abstand von 1 Zentimeter. Unter diesen Umständen würden die beiden Stahlplatten eine Anziehungskraft aufeinander ausüben, die 1 Gramm beträgt. Diese Kraft entspricht der allgemeinen Mas-

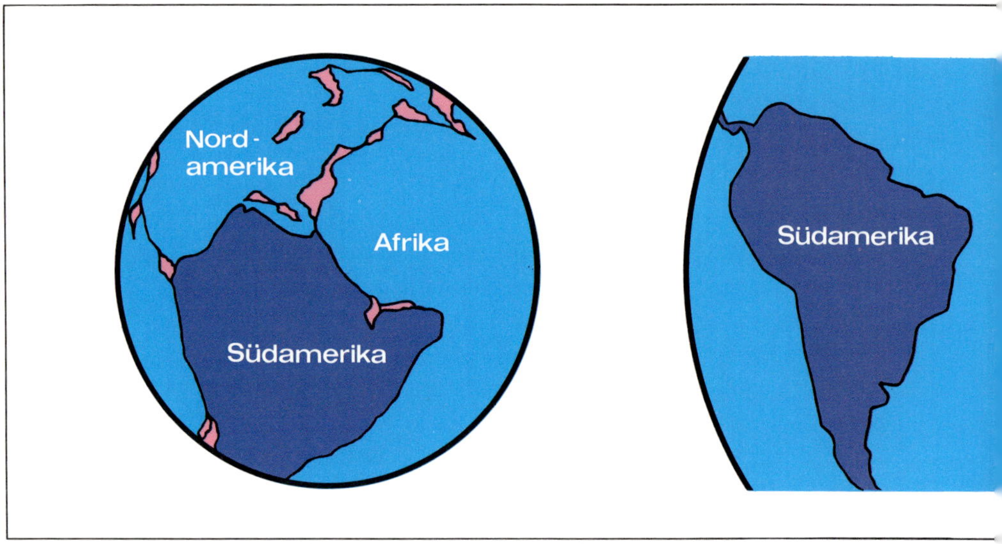

senanziehung, wie sie überall im Weltall herrscht, und unser Beispiel ist ein Maß für die Größe dieser Kraft. Diese Kraft können wir uns in einem Gedanken-Experiment versinnbildlichen. Nehmen wir einmal an, wir würden zwischen den beiden Stahlplatten eine kleine Spiralfeder anbringen, die dann durch die Anziehungskraft der beiden Platten etwas zusammengedrückt würde. Das Maß dieser Verkürzung der Feder wäre genauso groß, als ob wir dieselbe Feder senkrecht auf einem Tisch aufbauen und sie mit einem Gewicht von einem Gramm belasten würden.

Mit seiner Hypothese behauptet nun *Dirac,* daß dieses Gedanken-Experiment im Laufe der Geschichte des Universums zu verschiedenen Ergebnissen geführt hätte. *Dirac* vermutete demnach, daß vor vier oder fünf Milliarden Jahren die Anziehungskraft der beiden Stahlplatten größer gewesen sei und daß sie sich im Verlaufe dieser Jahrmilliarden stetig, jedoch unerhört langsam bis auf den heutigen Wert verringert hat. Dieser Prozeß der Verminderung der Schwerkraft im Weltall wird auch in Zukunft noch anhalten.

Heute also führt die Anziehungskraft unserer beiden Stahlplatten im Weltall dazu, daß die Feder genau um denselben Betrag zusammengedrückt wird, als ob wir sie mit Gewicht von einem Gramm belasten würden. Vor vielen Jahrmilliarden dagegen war diese Anziehungskraft größer, und die Feder wäre damals vielleicht doppelt so stark zusammengedrückt worden wie heute. Dieses

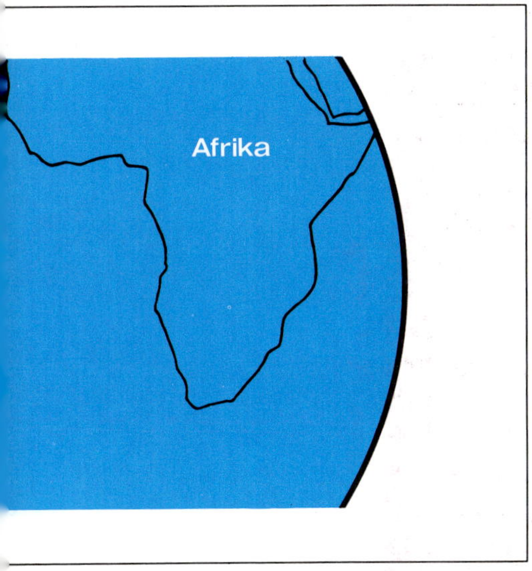

Als die Urerde
sich ausdehnte,
hat sich ihr Durchmesser
fast verdoppelt,
und daher hat sich
ihre Oberfläche
fast vervierfacht.
Aus diesem Grunde
beanspruchen die Ozeane,
die es ursprünglich
nicht gegeben hat,
heute bereits 70 Prozent
der Erdoberfläche

Beipiel zeigt uns, daß die Idee des englischen Physikers einen ganz fundamentalen Charakter hat und daß sie tief in das Wesen der Natur überhaupt eingreift. Es ist vielleicht einer der interessantesten Aspekte der modernen Naturwissenschaft, daß sie uns dazu zwingt, solche fundamentalen Überlegungen überhaupt anzustellen und langsame Veränderungen ins Auge zu fassen, die sich erst im Laufe von Jahrmillionen bemerkbar machen können. Auf der anderen Seite müssen wir aber auch solche Möglichkeiten berücksichtigen, wenn wir die Entwicklung unseres Planeten, die sich ja über Jahrmilliarden erstreckt hat, überhaupt verstehen wollen.

Wir können nämlich sofort einsehen, daß eine solche Verringerung der Schwerkraft die Entwicklung unseres Planeten ganz entscheidend beeinflußt haben muß. Zur Zeit ihrer Geburt war die Erde wesentlich kleiner, da sie durch die damals herrschende wesentlich größere Schwerkraft sehr stark zusammengepreßt worden ist. Seit der Geburt der Erde hat die Schwerkraft nun laufend langsam abgenommen, und im gleichen Maßstab hat sich die Erde ausgedehnt. Sie wird also laufend größer, allerdings so langsam, daß dies während der ganzen Geschichte der Menschheit nur zu einer unmeßbar geringen Vergrößerung geführt hat. Allerdings dürfen wir dabei nicht vergessen, daß die Geschichte der Menschheit nur einige zehntausend Jahre alt ist, während das Alter der Erde sich auf Jahrmilliarden bemißt.

Nehmen wir einmal an, daß die Erde, als ihre Bildung vor Jahrmilliarden im wesentlichen abgeschlossen war, einen Durchmesser von nur 7 000 Kilometern gehabt hat. So groß war damals vermutlich das Maß der Schwerkraft, daß sie bis auf diesen Durchmesser zusammengepreßt wurde. Die Oberfläche einer Kugel dieser Ausmaße entspricht der Gesamtoberfläche aller heutigen Kontinente. Damals war die Kruste der Erde zumindest vorübergehend in einem glutflüssigen Zustand, und so hat sich eine einheitliche Kruste gebildet, wobei eine etwa 5 bis 10 Kilometer dicke Basaltschicht unter einer etwa 30 Kilometer dicken Granitschicht zu liegen kam. Die gesamte Oberfläche der Erde war also von einer Kugelschale bedeckt, deren Oberfläche ebenso groß war wie die Oberfläche aller heutigen Kontinente (siehe hierzu die Grafiken auf den Seiten 142, 180 und 181).
Jahrmillionen kamen und gingen. Langsam, ungeheuer langsam nahm die Schwerkraft ab, und der Druck, der auf dem Innern des Erdballes lastete, verminderte sich. Der Erdball dehnte sich aus, und die obersten Schichten der Erdkruste zerplatzten in einzelne Stücke. Diese Stücke sind unsere heutigen Kontinente. Die darunter liegende Basaltschicht war zähflüssig genug, daß sie nicht platzte, sondern sich nur wie die Haut eines aufgeblasenen Ballons gleichmäßig ausdehnte und sich dabei etwas verdünnte. Es entstand dadurch jene Formation unserer Erdkruste, die wir heute beobachten. Die tiefere Basaltschicht umspannt die ganze Erde in ihrer heutigen Größe, und sie bildet den Untergrund des Meeresbodens und gleichzeitig eine Unterhaut der Kontinentalschollen. Die Granitschichten der Kontinentalschollen haben sich nicht ausgedehnt und schwimmen heute noch in ihrer ursprünglichen Größe als relativ dicke Platten – wie Eisberge – in dem plastischen Untergrund. Diese elegante Hypothese über die Expansion der Erde gibt uns heute die Möglichkeit zur Erklärung, wie jene zwei interessanten Erscheinungsformen im Oberflächenbild unserer Erde entstanden sein können. Wie Sie sich erinnern, mußten wir ja eine Erklärung dafür finden, wieso die Küstenlinien der Kontinentalschollen geometrisch und geologisch so gut zusammenpassen. Die Expansion der Erde macht dies unmittelbar verständlich. Zum zweiten mußten wir eine Erklärung dafür finden, wieso die Häufigkeit der Höhenverteilung unserer Erde jene auffallende Zweiteilung aufweist. Auch dies wird durch das Phänomen der Erdexpansion unmittelbar einleuchtend. Das Höhenniveau der Kontinente ist das ursprüngliche Höhenniveau der kleinen Urerde. Das Niveau der Tiefe ist das Niveau der tieferen Basaltschicht, das ursprünglich nur als Risse in dem Urkontinent in Erscheinung trat. Diese Risse haben sich dann schließlich, unter

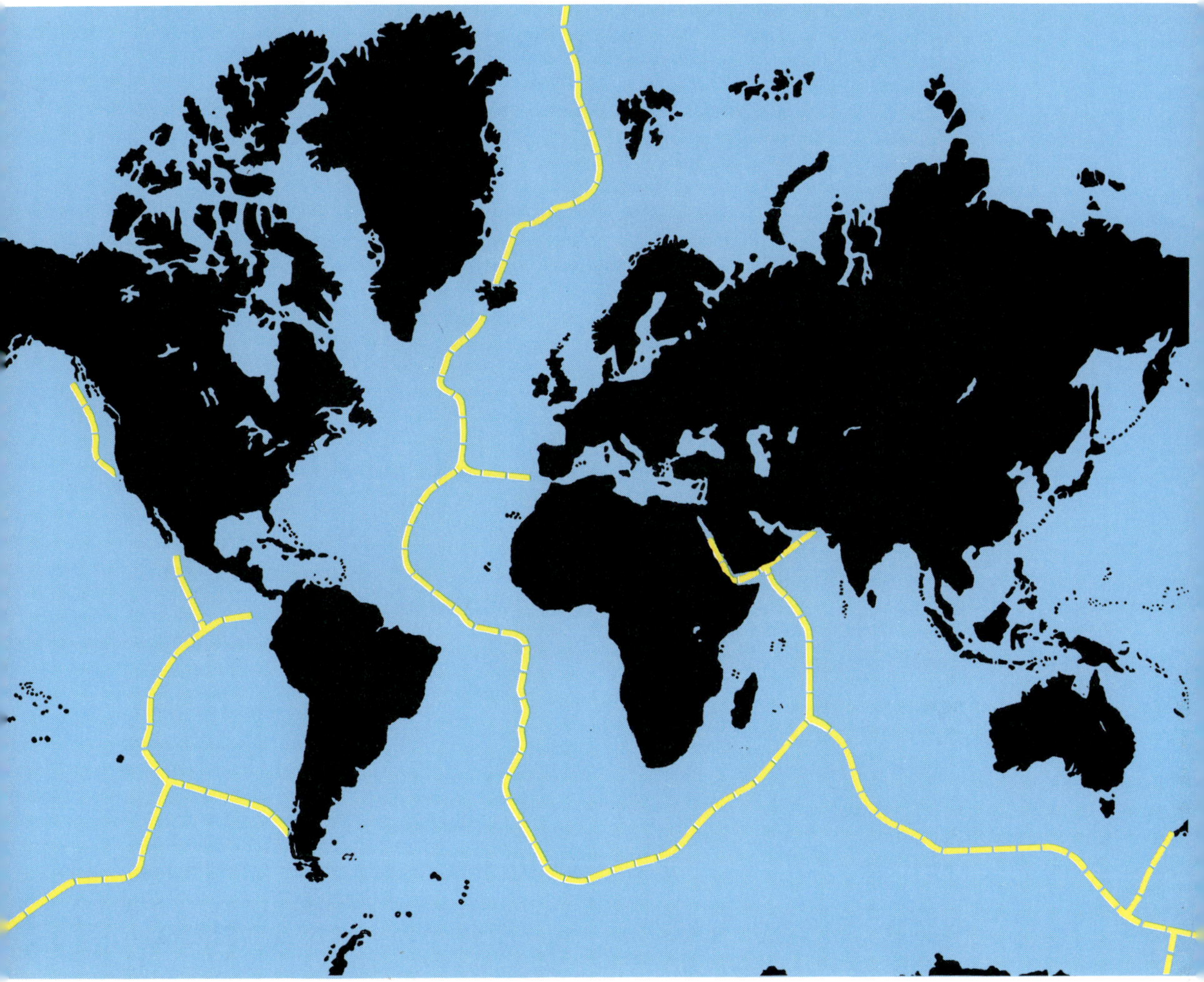

Das System der Tiefseespalten, die ähnlich wie die Mondrillen durch die Expansionstheorie als Platzrisse gedeutet werden

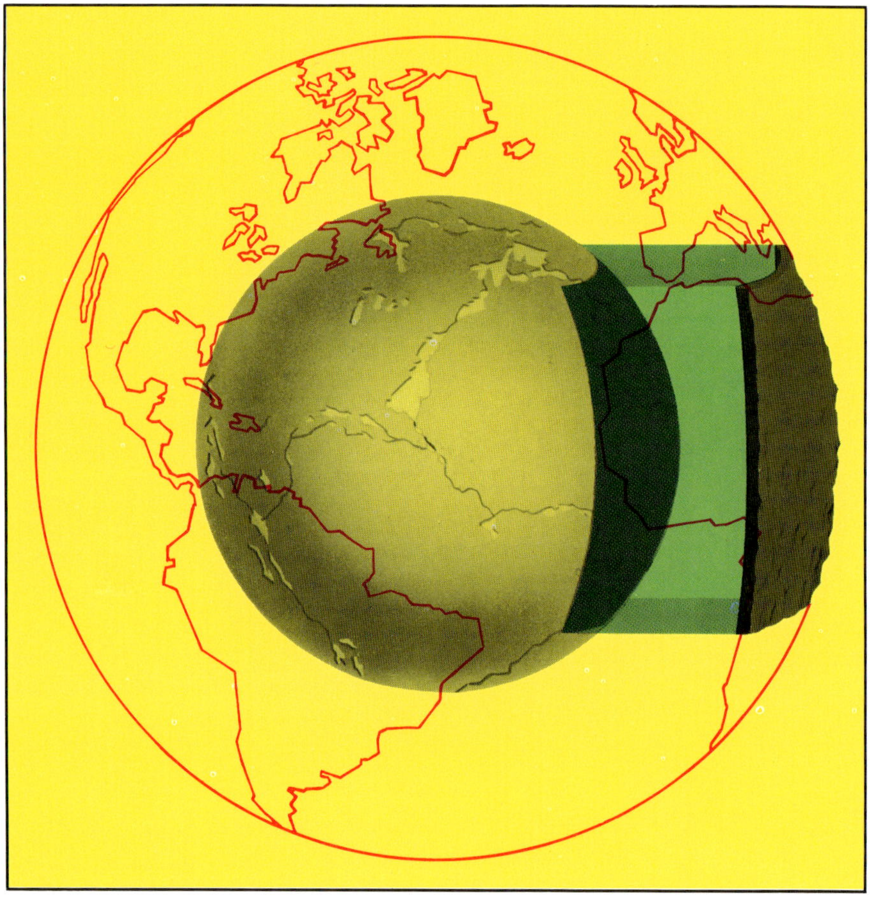

Vorstellung über die Entstehung der Gebirge nach der Expansionstheorie.
Danach müssen sich die Kontinentalschollen bei der langsamen Expansion der Erde der kleiner werdenden Krümmung anpassen, wodurch an der Oberfläche Quetschfalten entstehen

Beibehaltung ihres Niveaus, bei der weiteren Expansion der Erde bis zu ihrer heutigen Größe, das heißt zu den Meeresbecken, erweitert.
Zu den Vertretern dieser reizvollen Hypothese gehören, außer dem deutschen Physiker Professor *Jordan,* auch noch eine Reihe amerikanischer Geophysiker und Ozeanographen. Sie haben noch zahlreiche andere geologische Phänomene, deren Erklärung bisher ebenfalls Schwierigkeiten gemacht hatten, zur Begründung ihrer Hypothese herangezogen. So deuteten sie zum Beispiel ein weltweites System von Spalten in der Erdkruste, die sowohl im Boden der Tiefsee als auch auf den Kontinenten beobachtet worden sind, als eine unmittelbare Folge der Erdexpansion. Auch konnten sie eine völlig neue überraschende Hypothese für den Vulkanismus und vor allen Dingen für die Gebirgsbildung aufstellen.
Wir alle haben in der Schule gelernt, daß die Gebirge ähnlich wie die Runzeln auf einem schrumpfenden Apfel entstanden sind. Wenn das Apfelinnere durch Wasserverlust schrumpft, wird die Schale zu groß und schlägt Falten. Daß eine solche Faltung in der obersten Schicht der Erdkruste in der Tat stattgefunden hat, läßt sich nicht bezweifeln, und das Wort Faltungsgebirge besteht auch heute noch zu Recht. Ohne Zweifel gibt es auf der Oberfläche der Kontinentalschollen horizontal wirkende Quetschkräfte. Die Existenz solcher gebirgsbildenden Kräfte kann jedoch auch die Hypothese der Expansion durchaus nachweisen. Eine Kontinentalscholle, die auf der kleinen Urerde lagerte, war damals ja viel stärker gekrümmt, und mit der Expansion der Erde wurde sie verformt, das heißt abgeflacht. Wenn man diese Vorstellung verfolgt, sieht man unmittelbar, daß dabei auf der Oberfläche einer solchen Scholle horizontale Quetschungen auftreten müssen. Wenn man etwa ein Drittel eines Gummiballes abschneidet und die dabei entstehende Haube flachdrücken will, dann schlägt sie Falten. Die Verfechter der Erdexpansion sind sich darüber im klaren, daß ihre Behauptungen noch nicht stichhaltig bewiesen sind. Indessen muß man ihren Ideen immer mehr Wahrscheinlichkeit zubilligen, und es ist diese Hypothese vielleicht ein ganz hervorragendes Beispiel dafür, daß sich wissenschaftliche Vorstellungen wandeln, daß unser Wissen fortschreitet und dabei der Wahrheit immer näher rückt.

4_ Das Alter der Erde

Bei der Diskussion über die Entstehung unseres Planeten, die Struktur des Erdkörpers und die Expansion der Erde mußten wir öfter auf jene gewaltigen Zeiträume hinweisen, in denen die Entwicklungsgeschichte unseres Planeten gesehen werden muß. Wir haben öfter von Hunderten von Millionen, ja von Milliarden Jahren gesprochen. Diese Zeiten sind völlig unserer Vorstellungskraft entrückt. Jahrzehnte, oder maximal ein Jahrhundert, stehen im unmittelbaren Erfahrungsbereich des Menschen. Auch ein Jahrtausend kann man sich noch vorstellen, aber unsere Vorstellungskraft beginnt zu versagen, wenn man die gesamte Geschichte der Menscheit, also etwa fünf- bis zehntausend Jahre, überblicken will. Das Alter der Menschheit, das heute auf mindestens eine Million Jahre geschätzt wird, ist nicht mehr faßbar, um so weniger natürlich die bisherige Lebensdauer der Erde, die viele tausend Male länger ist.
So fragt sich jeder, der diese gewaltigen Dimensionen zum ersten Mal hört, wie kann man solche Zeiten überhaupt messen? Kann man sich denn auf diese Angaben verlassen? Auf der anderen Seite ist eine verläßliche Messung des Alters der Erde unerhört wichtig, und ohne eine genaue Kenntnis des Erdalters können wir auch über den Ablauf der Ereignisse, die zu der Erde in der heutigen Gestalt geführt haben, keine vernünftigen Angaben machen.
Wenn man einen Brocken Gesteins in der Hand hält, so kann man natürlich auf Anhieb überhaupt nicht sagen, wie alt das Gestein ist. Was für den Nichtfachmann eine aussichtslose Fragestellung ist, ist selbst für den Wissenschaftler ein erhebliches Problem. Wenn man einen Wissenschaftler nach dem Alter eines Felsbrockens fragt, so kann er zunächst einmal mit vollem Recht die Gegenfrage stellen: Was soll man denn unter Alter verstehen? Der Brocken besteht ja aus Atomen und Molekülen, den kleinsten Bausteinen der Materie, die praktisch alle unzerstörbar sind und deshalb so alt sein müssen wie das Universum selbst. So versteht man jedoch meist das Alter eines Felsbrockens –

oder auch etwa der Erdkruste – nicht. Man versteht darunter meist die Antwort auf die Frage, vor wie langer Zeit ist der Felsbrocken, so wie er jetzt in meiner Hand ruht, entstanden? Da sich nachweisen läßt, daß in grauer Vorzeit die Erdrinde einmal als Ganzes glutflüssig war und schließlich dann erstarrte, so kann die Geburt des Felsbrockens in jener Zeit gelegen haben. Das ist jedoch nicht immer der Fall. Wenn wir das Alter eines Steinbrockens in dieser Weise definieren, so gibt es Steine, die nur ein paar Tage alt sind, wie etwa ein Stück Lava von einem kürzlich erfolgten Vulkanausbruch, das vielleicht sogar noch warm ist. Die Schwierigkeit der Altersbestimmung eines Stückes Mineral besteht eben darin, daß sich im Gegensatz zu Lebewesen sein Aussehen selbst über Jahrmillionen hinweg praktisch nicht zu ändern braucht. Gewiß, es gibt zeitbedingte Veränderungen im Gestein, wie beispielsweise Erosion durch Wind und Wetter oder das Wachsen von Ablagerungsschichten, oder Gestein, das durch gewaltige Umwälzungen in der Erdkruste neu eingeschmolzen wurde. Alle diese Vorgänge hat man schon seit Beginn der geologischen Wissenschaft dazu benutzt, das Alter von Gesteinen abzuschätzen. Man hat schon sehr bald erkannt, daß diese Vorgänge außerordentlich langsam ablaufen, so daß also die Erdgeschichte nach vielen Millionen von Jahren bemessen werden muß. Die Kräfte, die diese langsamen Veränderungen hervorrufen, sind jedoch im Laufe der Erdgeschichte niemals gleichgeblieben, so daß die Veränderungen, die man feststellt, eine sehr ungenaue Uhr sind. Erst die moderne Physik hat den Erdwissenschaften eine Uhr gegeben, die in idealer Weise jene drei Forderungen erfüllt, die an eine geologische Uhr gestellt werden müssen: Diese Uhr läuft erstens außerordentlich langsam und zweitens dabei sehr genau, und zum dritten wird sie in ihrem Lauf von äußeren Ereignissen in keiner Weise beeinflußt. Es dreht sich dabei um eine atomphysikalische Uhr.

Wir haben vorhin gesagt, daß man rein äußerlich ein Stück Lava, das vor ein paar Stunden erkaltete und damit erst vor kurzem entstand, auf den ersten Blick nicht zu unterscheiden vermag von einem Stück Lava, das vielleicht mehrere hundert Millionen Jahre alt ist. Wenn sich jedoch in dem Lavastück winzige, ja man kann sagen, unwägbar kleine Mengen von bestimmten chemischen Elementen befinden, so kann man sein Alter messen. Diese winzigen Mengen, die sich zu Zeitmessungen eignen, sind die sogenannten radioaktiven Elemente.

Die Atome, die kleinsten Bausteine der Natur, sind in ihrer überwiegenden Mehrzahl völlig unwandelbar und beständig, da ungeheure Energien erforderlich sind, ihren stabilen Aufbau zu zerstören. Wenn man von der Energie der

kosmischen Strahlen absieht, die nur einen völlig vernachlässigbar kleinen Bruchteil von Atomen der Luft und der obersten Erdkruste zerstören, so kann man feststellen, daß praktisch alle Atome, die einst zur Bildung der Erde geführt haben, heute noch auf unserem Planeten vorhanden sind. Gewiß, viele von ihnen haben an einer großen Zahl von chemischen Umwandlungen teilgenommen, bei der sie selbst jedoch ihre Identität nicht verloren haben. Die einzigen Atome mit einer beschränkten Lebensdauer sind die Atome des bekanntesten dieser Elemente, des Radiums. Nach einer bestimmten Zeit stößt ein solches Radiumatom ein kleines Bruchstück aus, das mit großer Geschwindigkeit von dem Mutterteilchen fortfliegt. Es zerfällt also in zwei Teile, und das Atom hat sich nach Verlust des sehr viel kleineren Stückes in ein anderes Atom verwandelt und dadurch seine Identität verloren. Da sich in einem Stück Radium mit seinen vielen Billionen und aber Billionen von Atomen in jeder Sekunde sehr viele solcher Zerfallsprozesse ereignen, fliegt eine große Zahl von kleinen Atombruchstücken nach allen Seiten davon. Ein Stück Radium ist also strahlenaktiv – radioaktiv.
Wenn man ein beliebiges Radiumatom aus dem Radiumstück herausgreift, so

Probe eines radioaktiven Materials in der sogenannten Nebelkammer. Die von der Probe ununterbrochen ausgestrahlten Atomteilchen werden durch eine feine Nebelspur, die aus winzigen Tröpfchen besteht, sichtbar gemacht

kann man nicht voraussagen, wann dieses bestimmte Atom zerfallen wird. Man kann jedoch mit großer Genauigkeit voraussagen, wie lange es dauern wird, bis genau die Hälfte aller Radiumatome in dem Stück noch übriggeblieben ist. Die Antwort lautet: 1580 Jahre. In dieser Zahl steckt ein Naturgesetz, das bei einer großen Zahl von Atomen – es handelt sich ja bei Atomen immer um Riesenzahlen – mit großer Genauigkeit erfüllt ist. Wiederum 1580 Jahre später, das heißt nach 3160 Jahren, wird nur noch ein Viertel der Radiumatome übrig sein; weitere 1580 Jahre später nur noch ein Achtel usw.
Wir sehen schon, daß man dieses Gesetz wie eine Uhr benutzen kann. Falls man ein Stück Radium vor sich hat, braucht man nur festzustellen, wieviel noch vorhanden ist, und man kann sofort angeben, wieviel Zeit verstrichen ist. Allerdings muß man dazu wissen, wieviel Radium zu Beginn der Meßzeit vorhanden war. Wenn ein Geologe das Alter eines radiumhaltigen Erzstückes mit der Radiumuhr bestimmen will, so könnte er das also nur, falls ihm ein freundlicher Kollege vor sechs- oder zehntausend Jahren einen Notizblock hinterlassen hätte mit der Angabe, wieviel Milligramm Radium sich in dem Erzbrocken damals befanden.
Die schönste Uhr nützt uns also gar nichts, wenn wir ihre Zeitbestimmung nicht lesen können. Glücklicherweise jedoch hat auch die radioaktive Uhr, genauso wie unsere Uhren des täglichen Lebens, zwei Zeiger, und Physiker, Chemiker und Geologen haben es gelernt, die Zeigerstellung abzulesen.
Wir haben vorhin festgestellt, daß ein Radiumatom sich beim radioaktiven Zerfall in ein anderes Atom verwandelt. Auch dieses neu entstandene Atom ist wieder radioaktiv und zerfällt seinerseits, wobei es sich wiederum in ein anderes, ein drittes Atom verwandelt. So geht es kettenartig weiter, bis schließlich als Endprodukt das Element Blei entsteht, das nicht weiter zerfällt. Wenn also irgendwann einmal vor langer Zeit ein Schmelzfluß zu hartem Gestein erstarrte und dabei eine kleine Menge Radium eingeschlossen wurde, so begann damals die Uhr zu laufen. Langsam, sehr, sehr langsam verwandelte sich das Radium in Blei; zu Beginn war noch überhaupt kein Blei vorhanden, im Laufe der Jahre wurde das Radium immer weniger, während sich das Blei anreicherte. Wenn heute ein Geologe den Erzbrocken findet, so muß er nur das Verhältnis zwischen den vorhandenen Mengen von Radium und Blei feststellen, und eine einfache Rechnung gibt ihm dann das Alter.
Nun könnte es natürlich sein, daß beim Erstarren des Erzbrockens gleichzeitig noch ursprüngliches Blei mit eingeschlossen wurde, und wenn man dieses Fremdblei mitwiegt, kann man einen ganz großen Fehler machen. Es ist viel-

leicht einer der glücklichen Umstände für die geologische Forschung, daß sich solches Fremdblei von dem Blei, das aus dem Radium entstanden ist, unterscheidet. Radiumblei hat nämlich ein anderes Atomgewicht als das natürliche Blei. Natürliches Blei hat ein Atomgewicht von 207 Einheiten, während das aus dem Radium entstandene Blei ein Atomgewicht von 206 Einheiten hat. Durch diesen Glücksumstand lassen sich diese beiden Bleisorten trennen, und die Radiumuhr wird eindeutig lesbar.
Die Radiumuhr geht sehr schnell, denn bereits nach knapp anderthalb Jahrtausenden ist bloß noch die Hälfte und nach knapp drei Jahrtausenden bloß noch ein Viertel des ursprünglichen Radiums übrig. Bereits nach 10000 Jahren ist nur noch 1 Prozent des ursprünglich vorhandenen Radiums übriggeblieben, und nach 20000 Jahren bloß noch $^1/_{10}$ Promille. Wir sehen, daß man mit der Radiumuhr nicht sehr weit in die geologische Vergangenheit der Erde zurückreichen kann. Die Natur hat uns jedoch – man könnte sagen in höchst dankenswerter Weise – nicht nur eine solcher radioaktiven Uhren, sondern eine ganze Reihe von ihnen zur Verfügung gestellt, die glücklicherweise auch noch alle ganz unterschiedlich schnell laufen. Die Radiumuhr ist eine der schnellsten. Die Uranuhr zum Beispiel läuft viel langsamer; Uran ist ebenfalls radioaktiv und zerfällt ebenfalls, indessen so langsam, daß nach viereinhalb Milliarden Jahren erst die Hälfte einer heute vorhandenen Uranmenge zerfallen ist. Umgekehrt ist von einem Stück Uran, das vor viereinhalb Milliarden Jahren existierte, heute noch die Hälfte vorhanden.
Seit die Physiker und Chemiker den Geologen dieses hervorragende Instrument zur Messung von sehr langen Zeiten in die Hand gegeben haben, sind von ihnen eine große Zahl von Altersbestimmungen verschiedenster Gesteinssorten gemacht worden. So hat man zum Beispiel festgestellt, daß die ältesten Gesteine nahezu 3 Milliarden Jahre alt sein müssen. Dies ist jedoch das Alter der Gesteine, so wie wir es vorhin definiert haben, das heißt, diese ältesten Gesteine waren mindestens 3 Milliarden Jahre nicht mehr flüssig. Das Material selbst kann noch viel älter sein, denn noch wissen wir nicht, wie oft das Gestein vor dieser Zeit als Schmelzfluß oder vielleicht auch zuvor schon einmal als erstarrtes Material existiert hat. Da die ältesten Gesteine jedoch zumindest nicht älter sein können als unsere Erde, so können wir mit Gewißheit sagen, daß die Erde mindestens 3 Milliarden Jahre alt sein muß. Man darf annehmen, daß die Erde noch um einiges älter sein wird, denn mit den Vorgängen der Gebirgsbildung und des Vulkanismus ist es im Laufe der langen Erdgeschichte recht häufig zu Wiedereinschmelzungen und zu erneutem Erstarren gekommen, und wir

müssen immer im Auge behalten, daß unsere radioaktiven Uhren lediglich den Zeitraum messen, der seit dem letzten Erstarren der betreffenden Gesteinsproben verstrichen ist.

Die Altersbestimmungen mit der radioaktiven Uhr sind sehr genau und zuverlässig, da sich die Menge der chemischen Elemente in einer Gesteinsprobe mit den modernen Hilfsmitteln der Physik und Chemie außerordentlich genau messen läßt. Der Ablauf der radioaktiven Uhr selbst ist zudem noch von äußeren Ereignissen völlig unabhängig, solange das Erzstück nicht so heiß wird, daß es schmilzt, und dadurch die Muttersubstanz und das entstandene Blei nicht nebeneinander liegenbleiben, sondern auseinanderlaufen. Sonst ändert kein physikalischer oder chemischer Vorgang in der Erdkruste den Ablauf der Uhr, gleichgültig, ob der Gesteinsbrocken Jahrmillionen lang am Boden des Meeres, tief im Innern eines Berges oder an der Oberfläche liegt und im Laufe seines Lebens vielleicht sogar viele Male seinen Standort wechselt. So genau die radioaktive Uhr ist, so gibt sie uns – wie vorher schon gesagt – nur das Alter des Gesteins und sagt zunächst noch nichts aus über das Alter der Erde überhaupt. Glücklicherweise haben die Schwesterwissenschaften der Geologie, und zwar Astronomie und ebenfalls wieder Physik und Chemie, noch andere Hilfsmittel der Altersbestimmung geschaffen, die allerdings nicht so genau sind wie die Ergebnisse der radioaktiven Uhr.

Die Entfernung des Mondes von der Erde wird im Laufe der Zeit langsam größer, und zwar so langsam, daß man die jeweilige Entfernung des Mondes in gewisser Weise auch als die Zeigerstellung einer sehr langsam laufenden kosmischen Uhr betrachten kann. Wieso kommt es, daß sich der Mond überhaupt von der Erde entfernt? Die Zunahme der Mondentfernung während eines ganzen Jahrhunderts ist so klein, daß man sie nicht messen kann, und trotzdem können wir im Vertrauen auf die Gesetze der Himmelsmechanik den Schluß ziehen, daß sich der Mond in der Tat von der Erde laufend entfernt. Der Grund dafür liegt in den Gezeiten. Der Mond erzeugt ja zwei gewaltige Flutberge im Weltmeer, von denen der eine immer auf den Mond gerichtet ist und der andere diametral gegenüber auf der anderen Seite der Erde liegt. Die Erde rotiert unter diesen zwei Flutbergen wie ein Rad zwischen zwei Bremsbacken, und ihre Rotationsbewegung wird dadurch immer langsamer. Allerdings ist diese Verlangsamung außerordentlich gering. Sie ist so klein, daß die durchschnittliche Länge eines Tages sich im Jahrhundert um 4 zehntausendstel Sekunden verlängert. Dieser Betrag ist zwar klein, er summiert sich aber im Verlaufe eines Jahrhunderts immerhin zu einigen Sekunden, so daß jedes Jahrhundert etwa 14 Sekunden länger ist als das vorangegangene. Dies konnte man mit der sprichwörtlichen Genauigkeit von astronomischen Beobachtungen nachweisen, weil nämlich sehr genau feststellbare und vorausrechenbare Ereignisse wie Sonnenfinsternisse oder die Finsternisse der Jupiter-Monde im Laufe von Jahrzehnten systematisch um einige Sekunden früher eintreffen, da unsere Erde gewissermaßen nachgeht.

Die Erde und der Mond bilden jedoch ein geschlossenes System, und nach den Gesetzen der Mechanik muß die Geschwindigkeit des Mondes in seiner Bahn um die Erde die Abnahme der Rotationsgeschwindigkeit der Erde selbst wieder wettmachen. Dieser winzige, ständig auf den Mond wirkende Impuls führt dazu, daß der Mond langsam von der Erde wegtreibt, und man kann ausrechnen, wie schnell – oder besser gesagt – wie langsam diese Bewegung ist. Der Mond hat heute eine Entfernung von 384000 Kilometern von der Erde, und da wir die jeweilige Geschwindigkeit kennen, mit der er bisher von der Erde abrückt, kann man errechnen, wie lange es gedauert haben muß, bis der Mond seine heutige Entfernung erreicht hat. Dabei wollen wir annehmen, daß die beiden Körper zur gleichen Zeit nahe beieinander als eine Art Doppelplanet entstanden sind. Das Resultat dieser Rechnung, das natürlich weniger genau ist als die Ergebnisse der radioaktiven Uhr, ergibt für das Alter der Erde und damit des Mondes 4,5 Milliarden Jahre. Dieses Ergebnis scheint demnach sehr gut zu dem Alter der ältesten Gesteine zu passen, die mit ihren etwa 3 Milliarden Jahren natürlich jünger sein müssen.

Eine zweite Methode liefert die Physik, wenn auch nicht für das Alter der Erde, so doch wenigstens für das Alter der Meteoriten. Die Meteorite sind Körper des Sonnensystems, und zwar sind sie vermutlich Bruchstücke von kleinen Planeten, die in großer Zahl zwischen den Bahnen des Mars und des Jupiters um die Sonne kreisen. Im Laufe der Jahrmilliarden haben sich unter diesen vielen Kleinplaneten bestimmt einige Zusammenstöße ereignet, bei denen diese Körper in viele Stücke zerbrachen, die heute noch die Sonne umkreisen und gelegentlich auf die Erde stürzen.

Auch in diesen Meteoriten hat man radioaktive Elemente gefunden, mit denen sich genauso, wie bei unseren Erzbrocken zuvor, Altersbestimmungen mit der radioaktiven Uhr vornehmen lassen. Das Resultat für die ältesten Meteorite: 4,6 Milliarden Jahre. Da wir annehmen dürfen, daß die Erde und die kleinen Planeten, von denen die Meteorite stammen, etwa zur gleichen Zeit entstanden sind, ist auch diese Altersbestimmung ein Hinweis für das Mindestalter der Erde.

So unerwartet es klingen mag, man hat selbst Mittel und Wege gefunden, das Alter der Atmosphäre und des Meeres zu bestimmen. Es ist wiederum ein glücklicher Zufall, daß auch die Altersbestimmung der Atmosphäre mit Hilfe der radioaktiven Uhr vorgenommen werden kann. Praktisch alle radioaktiven Elemente sind sehr schwere Elemente – Uran zum Beispiel ist das schwerste in der Natur vorkommende Element. Ihre Zerfallsprodukte sind letzten Endes die verschiedenen Bleisorten, die sich durch ihre Atomgewichte unterscheiden. Außerdem gibt es noch ein leichtes radioaktives Element, und zwar eine bestimmte Atomsorte des Elements Kalium. Wenn dieses Kalium zerfällt, bildet sich bei diesem Prozeß unmittelbar Argon, ein sogenanntes Edelgas, das sich mit keinem anderen Element verbindet und daher in die Atmosphäre entweicht und dort verbleibt. Auch dieses radioaktiv entstandene Argon läßt sich von dem ursprünglichen Argon, von dem es übrigens in unserer Atmosphäre nur einen verschwindend kleinen Bruchteil gibt, eindeutig unterscheiden. Da wir ungefähr abschätzen können, wieviel Kalium, das heißt, wieviel von der Muttersubstanz des Argons in der Erdkruste vorhanden ist, kann man ausrechnen, wie lange es gedauert haben muß, bis all das Argon, das wir heute in der Atmosphäre finden, erzeugt worden ist. Es muß eine ziemlich lange Zeit verstrichen sein, denn das Kalium ist ein recht seltenes Element, und Argon macht heute immerhin schon mehr als 1 Prozent der Masse unserer Atmosphäre aus. Das Resultat: 4,6 Milliarden Jahre.

Und nun zum Alter des Weltmeeres. Genauso wie im Laufe der Erdgeschichte das Argon sich als eine Art Abfallprodukt in der Atmosphäre anreicherte, reicherte sich im Meer das Salz an. Das Salz des Meeres ist in der Tat eine Art Abfallprodukt, da es von den Flüssen und Strömen aus dem Land herausgelaugt und in das Meer geschleppt wird. Dort bleibt es, denn die andere Seite des Wasserkreislaufes besteht aus völlig reinem, destilliertem Wasser. Wenn nämlich die Sonne mit ihrer Energie das Meerwasser verdunstet und es als Wasserdampf in die Luft steigt, bleibt das Salz zurück, und erst die Regentropfen, die auf das Gestein fallen, und die Bäche, Flüsse und Ströme, die durch das Land fließen, laugen neues Salz aus dem Boden, das seinerseits wieder im Meer landet. Dieser Prozeß muß bei der Geburt des Weltmeeres begonnen haben, und er läuft heute ja auch noch ab. Wenn man nun bestimmt, wie viele Tonnen Salz in jedem Jahr ins Meer geschleppt werden, und wenn man andererseits feststellt, wieviel Salz das Weltmeer enthält, so kann man damit messen, wie lange dieser Prozeß schon abgelaufen sein muß. Und damit hat man das Alter des Weltmeeres. Das Resultat: einige Milliarden Jahre.

Viele Meteoriten enthalten radioaktive Stoffe und lassen sich so mit Hilfe der radioaktiven Uhr zur Bestimmung des Alters des Sonnensystems verwenden

Dieses Mal konnte man keine so genauen Angaben machen wie bei den Methoden, die wir zuvor genannt haben. Der Grund dafür liegt auf der Hand: Es ist nicht ganz richtig, wenn wir gesagt haben, daß alles Salz, das jemals ins Meer geschleppt worden ist, auch dort verblieb; im Laufe der geologischen Geschichte ist es öfter vorgekommen, daß flache Meeresbecken vom Weltmeer abgeschnitten wurden und langsam austrockneten. Dabei blieb das Salz zurück, und auf diese Weise sind ja eine große Zahl der Salzlager auf dem Lande entstanden. Diese werden erneut ausgewaschen, so daß ein Teil des Salzes im Weltmeer an diesem Kreislauf schon ein oder mehrere Male teilgenommen hat. Auch können wir keineswegs sicher sein, ob die Salzmenge, die heute pro Jahr in den Ozean geschleppt wird, während der ganzen geologischen Geschichte immer gleichgeblieben ist.
Immerhin ist es erstaunlich, daß eine große Zahl von Altersbestimmungen der Erde und ihrer Teile alle etwa das gleiche Ergebnis haben, und zwar zwischen 4 und 5 Milliarden Jahre, wobei natürlich das Alter der Gesteine, wie wir vorhin schon andeuteten, etwas niedriger sein muß, was sich ja auch ergab.

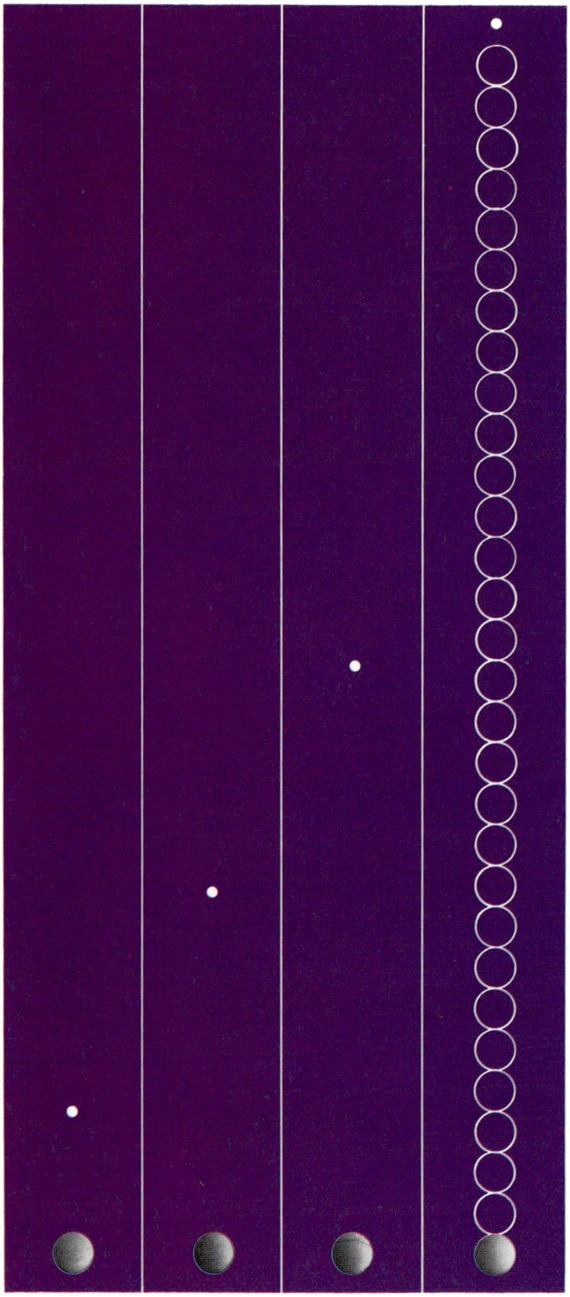

Im Laufe der
Jahrmilliarden hat sich
der Mond als
Gegenwirkung der
Gezeiten langsam bis
zu der heutigen
Entfernung von
384000 Kilometern
von der Erde fortbewegt
und dient daher als
Mittel zur Bestimmung
des Erdalters

Wir müssen uns darüber im klaren sein, daß der angegebene Zeitraum von etwa 4,5 Milliarden Jahren immer noch nicht bis ganz zum Ursprung unseres Planeten zurückreicht.
Die Altersbestimmung mit Hilfe der Mondentfernung setzt ja voraus, daß der Mond und die Erde bereits existierten, als der Mond begann, als Folge der Gezeitenwirkung von der Erde fortzuwandern; auch die 4,5 Milliarden Jahre alten Meteorite mußten erst entstanden sein, und ebenso mußte die Erdkruste bereits erstarrt sein, so daß das zerfallende Kalium das Argon in die Atmosphäre ausschütten konnte. Im ersten Kapitel haben wir erwähnt, daß es vielleicht nur etwa 100 Millionen Jahre gedauert hat, bis sich die Erde aus dem Material der ursprünglichen Sonnenatmosphäre zu einem Ball verdichtete. Doch das ist nur eine rohe Schätzung. Auch wissen wir nicht genau, wie lange es gedauert hat, bis die Erdkugel sich so weit erhitzte, daß sich damit das Material in die typischen Schichten des Erdkerns, des Erdmantels und der Erdkruste scheiden konnte. Der Ablauf solcher Vorgänge läßt sich zeitlich nur sehr schwer verfolgen, und man hat bis heute noch keine Methode gefunden, den zeitlichen Ablauf solcher Vorgänge zu messen. Hier sind wir nur auf Schätzungen angewiesen, und die Wissenschaftler sind sich im großen und ganzen darüber einig, daß diese Vorgänge vielleicht noch etwa eine Milliarde Jahre beansprucht haben können. Wenn wir also heute die Frage stellen, wie alt unsere Erde ist, so können wir sagen, etwa 5 bis 6 Milliarden Jahre.
Vielleicht sollten wir unsere Diskussion über das Alter der Erde nicht abschließen, ohne noch ein paar Worte zu sagen über das mutmaßliche Alter der Sonne, der Sterne, der Milchstraße und des Universums überhaupt. Selbstverständlich können die Physiker und die Astronomen darüber keine genauen Angaben machen etwa in dem Sinne, daß sie das Alter der Sonne oder des Universums auf wenige Prozent genau bestimmen könnten. Trotzdem ist es erstaunlich, daß es der modernen Wissenschaft gelungen ist, selbst darüber Angaben zu machen, die keineswegs aus der Luft gegriffen sind.
So kann man zum Beispiel das Alter der Sonne oder eines Sternes schon daran abschätzen, in welchem Umfang sie ihren Energievorrat abstrahlen. Die moderne Physik hat uns gelehrt, daß ein Stern im Laufe seines Lebens mit dem Energievorrat auskommen muß, der ihm bei seiner Geburt in der Form von Wasserstoff mitgegeben worden ist. Während des Lebens eines Sternes verwandelt sich nämlich der Wasserstoff durch atomare Kernprozesse in Helium, wobei Energie frei wird. Da man recht genau messen kann, wieviel Energie ein Stern zum Beispiel in jedem Jahr ausstrahlt, läßt sich abschätzen, wie lange er

Die Flüsse der Erde
tragen seit Jahrmilliarden
ununterbrochen Salz
in das Meer,
und an dem Salzgehalt
der Ozeane kann man
das Alter der Erde
abschätzen

überhaupt leben wird. Auch hier wieder kommen wir auf die Größenordnung von Milliarden von Jahren. Da die Milchstraße und die anderen Sternsysteme im Universum aus Sternen bestehen, muß sich demnach auch das Alter der Milchstraße und des Universums im Maßstabe von Milliarden von Jahren bewegen. Das vielleicht erstaunlichste Ergebnis dieser neueren Forschungen ist jedoch die Tatsache, daß das Universum nicht etwa zehn- oder gar hundertmal älter ist als unser Planet. Unsere kleine Erde hat bestimmt einen ganz erheblichen Teil der Geschichte des gesamten Universums bereits schon erlebt.

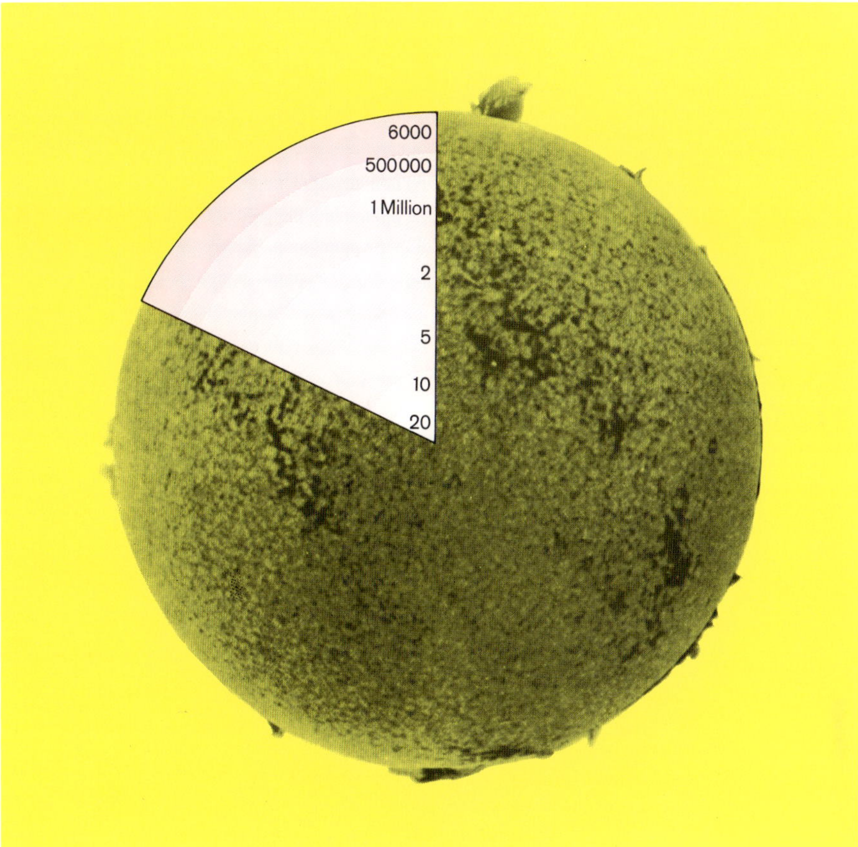

Fotografie der Sonne im Lichte des Elementes Kalzium mit schematischer Darstellung des Temperaturverlaufs im Innern. Bei den Kerntemperaturen laufen nukleare, energieerzeugende Prozesse ab, deren Geschwindigkeit es erlaubt, das Alter der Sonne abzuschätzen. Die Temperaturen sind in Grad Kelvin angegeben

5_Der Ursprung der Atmosphäre und des Meeres

Im letzten Kapitel haben wir darauf hingewiesen, daß die Erde und der Mond vermutlich zur gleichen Zeit als eine Art Doppelplanet entstanden sind, und man muß daher den Schluß ziehen, daß beim Aufbau der beiden Körper im wesentlichen dasselbe chemische Material zur Verfügung gestanden hat. In diesem Material müssen sich auch jene Stoffe befunden haben, die heute die Masse des Meeres und der Atmosphäre ausmachen. Nach dieser einfachen Überlegung müßte man erwarten, daß auch der Mond ein Meer und eine Atmosphäre haben müßte.

Aber selbst eine ganz einfache Inspektion der Mondoberfläche mit Hilfe eines Feldstechers oder sogar nur mit dem bloßen Auge beweist uns, daß der Mond kein Meer und keine Luft besitzt. Keinerlei atmosphärische Trübung behindert den Blick auf die freie Mondoberfläche, und die Mondberge, die Mondkrater und die harten Schlagschatten liegen messerscharf im Blickfeld des Beobachters. Auch können wir keinerlei Wasser auf der Mondoberfläche entdecken. Gäbe es nämlich auf dem Mond eine offene Wasserfläche, die auch nur im entferntesten mit einem Meer oder einem großen See auf der Erde vergleichbar wäre, so müßte sich die Sonne gelegentlich darin spiegeln wie eine Lampe in einer Christbaumkugel. Diese Sonnenreflexe wären von einer blendenden Helligkeit und würden die Gesamthelligkeit des Vollmondes um ein Vielfaches übersteigen, das heißt also, sogar schon die direkte Beobachtung beweist uns, daß es auf dem Mond keine Ozeane gibt. Woher kommt das? Warum hat die Erde ein Weltmeer und eine Atmosphäre, während der Mond keines von beidem besitzt?

Es läßt sich zeigen, daß der Mond ein Meer oder eine Atmosphäre nach kurzer Zeit wieder verlieren würde, selbst wenn man sie ihm gäbe. Machen wir einmal ein Gedanken-Experiment. Nehmen wir an, daß wir eine Badewanne voll Wasser auf dem Mond absetzen. Gleichzeitig wollen wir eine Preßluftflasche

voll Stickstoff auf die Mondoberfläche abblasen. Die Badewanne haben wir nur gewählt, um zu verhindern, daß das Wasser in die Mondoberfläche versickert. Was würde dann passieren?
In der gewaltigen Hitze der Sonnenstrahlung würde das Wasser in der Badewanne in ganz kurzer Zeit verkochen, verdampfen und sich verflüchtigen. Die Wasserdampfteilchen würden sich mit dem abgeblasenen Stickstoff vermischen und zunächst eine unerhört verdünnte Mondatmosphäre bilden. Wir wollen an dieser Stelle die Feststellung machen, daß das Meer – nämlich die Badewanne voll Wasser – bereits fort ist. Doch auch die Tage der als Wasserdampf umherschwirrenden Wassermoleküle sowie der abgeblasenen Stickstoffmoleküle sind gezählt. Die Teilchen eines Gases und eines Dampfes bewegen sich nämlich dauernd mit hoher Geschwindigkeit, stoßen aneinander und bilden ein regelloses Durcheinander. Je höher die Temperatur des Gases und des Dampfes ist, um so schneller bewegen sich im Schnitt die Teilchen. Geschwindigkeiten von einigen Kilometern pro Sekunde sind keine Seltenheit. Betrachten wir nun ein solches Teilchen, das sich mit einer Geschwindigkeit von – sagen wir einmal – 1 Kilometer pro Sekunde zufällig gerade nach oben bewegt; dieses Teilchen beschreibt dann eine steile Kurve und wird schließlich von der Anziehungskraft des Mondes wieder zurückgeholt. Ein anderes Teilchen, dessen nach oben gerichtete Geschwindigkeit 3 Kilometer pro Sekunde beträgt, wird zwar von der Anziehungskraft verlangsamt, jedoch die Schwerkraft des Mondes reicht nicht aus, das Teilchen völlig zu bremsen. Es verschwindet im Weltall. Es entweicht geradeso wie die dritte Stufe einer Rakete, deren Geschwindigkeit groß genug ist, die Anziehungskraft der Erde zu überwinden und in eine Bahn um die Sonne einzutreten. Auf dem Mond ist eine Teilchengeschwindigkeit von 2,4 Kilometern pro Sekunde die Grenze, und jedes Teilchen, das schneller ist, entweicht dem Mond auf Nimmerwiedersehen. Bei den Tagestemperaturen, die auf dem Monde herrschen, dauert es nur kurze Zeit, bis der Mond die Badewanne voll Wasser und die Flasche voll Stickstoff, die wir ihm gegeben haben, wieder rettungslos verloren hat.
Bei der Erde ist das anders. Die Erde ist ein viel größerer Körper, und die Schwerkraft an ihrer Oberfläche ist etwa 6mal so groß. Sodann beträgt die kritische Geschwindigkeit, bei der ein Gas- oder Dampfteilchen aus den obersten Schichten der Erdatmosphäre entweichen kann, mehr als 11 Kilometer pro Sekunde, und nur die allerleichtesten Atome, nämlich Wasserstoff und Helium, erreichen eine solche Geschwindigkeit. In einem Gas ist es nämlich so, daß die einzelnen Teilchen im Schnitt die gleiche Bewegungsenergie besitzen.

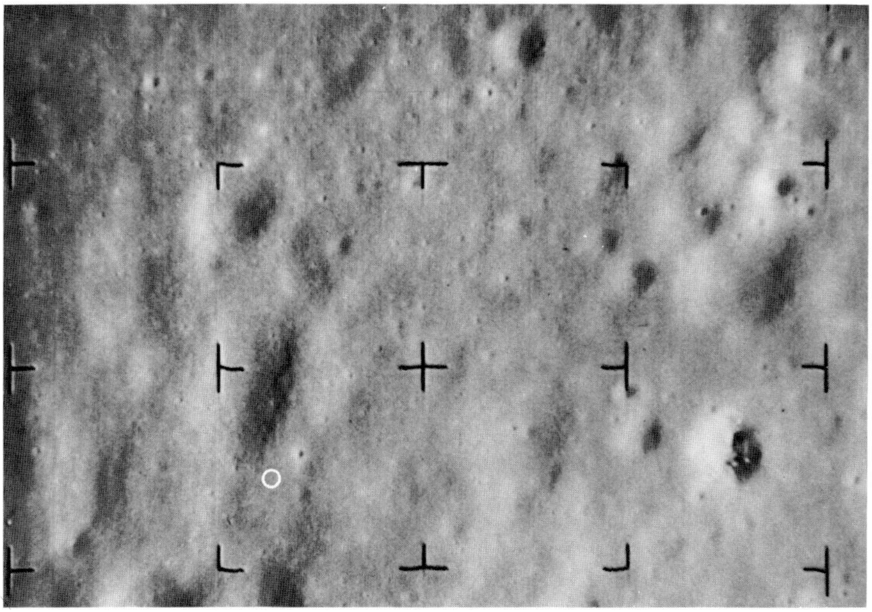

Blick auf die luftlose, völlig trockene Mondwüste, aufgenommen mit einer Fernsehkamera der amerikanischen Mondsonde »Ranger VII« aus einer Höhe von etwa 5 Kilometern. Der weiße Kreis markiert die spätere Aufschlagstelle

Daraus folgt, daß ein schweres Teilchen, wie beispielsweise Sauerstoff, unter gleichen Bedingungen wesentlich langsamer fliegt als ein leichtes Teilchen, wie etwa Wasserstoff und Helium, die 16mal bzw. 4mal leichter sind als ein Sauerstoffatom. Daher ist die Erde imstande, unter anderem den Sauerstoff in ihrer Atmosphäre zurückzuhalten. Wasserstoff und Helium allerdings entweichen langsam, und dies ist auch der Grund, weshalb Wasserstoff und Helium in unserer Atmosphäre praktisch nicht vorhanden sind, obwohl diese beiden Gase 99 Prozent der gesamten Materie des Weltalls ausmachen.
Mit starkem Griff also hält die Erde ihre Atmosphäre fest, und aus der gleichen Ursache können auch die Ozeane nicht entweichen. Zwar verdunstet die Sonne jeden Tag eine gewaltige Menge von Wasser aus den Weltmeeren, das dann als Dampf in der Atmosphäre schwebt. Ein Wasserteilchen jedoch besteht aus

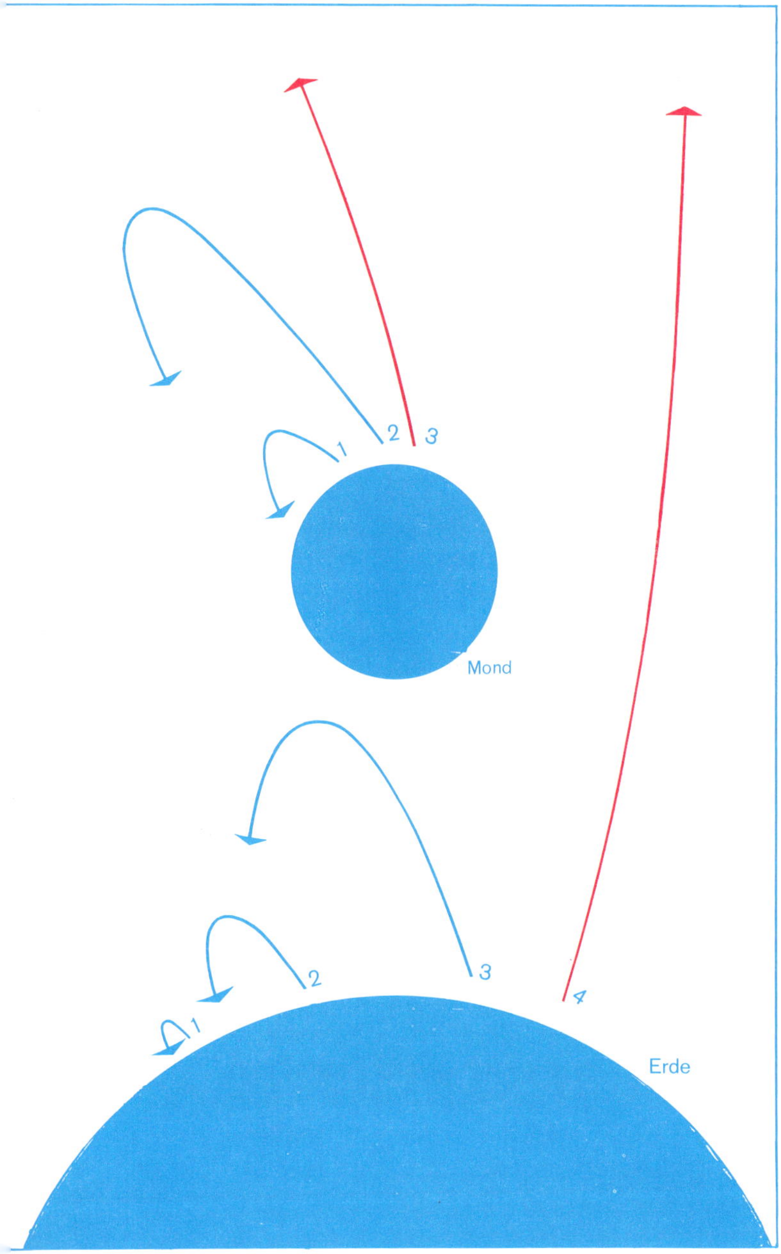

Bahnformen von Teilchen einer hypothetischen Mondatmosphäre (oben) und der Hochatmosphäre der Erde (unten) im Schwerefeld der jeweiligen Himmelskörper. Bei niedrigen Geschwindigkeiten (blaue Pfeile) werden die Teilchen wieder zurückgeholt, während sie bei höheren Geschwindigkeiten (rote Pfeile) in den Weltraum entweichen. Beim Mond liegt diese Entweichungsgeschwindigkeit wesentlich niedriger als auf der Erde, und daher kann der Mond keine Atmosphäre halten

einem Sauerstoffatom mit 2 Wasserstoffatomen, die zusammen 18mal schwerer sind als ein einzelnes Wasserstoffatom, so daß auch ein Wassermolekül nicht entweichen kann. Irgendwann einmal schlägt es sich an einem Schneekristall oder Regentröpfchen nieder, kehrt zur Erde und schließlich auch wieder ins Meer zurück.

Wir haben vorhin gesagt, daß die Atmosphäre praktisch keinen Wasserstoff enthält. Damit haben wir reines Wasserstoffgas gemeint. Selbstverständlich kann der Wasserstoff nicht entweichen, wenn er – wie im Falle des Wassermoleküles – an ein schweres Atom chemisch gebunden und damit an diese Masse gekettet ist. Wenn wir also Wasserstoff im Meer und in der Luft finden, dann praktisch nur im Gefüge chemischer Verbindungen.

Wir mußten diesen kurzen Umweg über die Chemie und die Physik der Gase machen, um zu verstehen, warum die Erde bei ihrer Entstehung überhaupt zu ihrem Weltmeer und zu ihrer Atmosphäre gekommen ist. Wir mußten diesen Hinweis auch geben, um zu verstehen, daß die Atmosphäre, die die Erde heute besitzt, bereits die zweite, ja vermutlich sogar die dritte und vierte in ihrer Geschichte ist. Denken wir einmal daran, wie die Erde entstanden ist, so wie wir es in unseren vorangegangenen Kapiteln geschildert haben. Sie ist entstanden aus einem riesigen Wirbel kosmischen Materials, aus Gasen, kleineren Staubteilchen und auch größeren Brocken. Als der Erdkörper groß genug war, reichte seine Schwerkraft im Sinne dessen, was wir zuvor gesagt haben, aus, um auch Gase an sich zu ziehen. Alle jene chemischen Elemente und Verbindungen, die bei der Temperatur der Urerde – das heißt etwa um null Grad Celsius – gasförmig waren, sammelten sich in der Uratmosphäre an. Als die Erde schließlich unter dem Druck der Schwerkraft sich immer mehr zusammenzog und die Energie der radioaktiven Elemente im Innern ihres Körpers eingefangen wurde, erhitzte sie sich bis zur Glutflüssigkeit auch an ihrer Oberfläche. Die Uratmosphäre der Erde muß also auch sehr heiß gewesen sein. Die mittlere Geschwindigkeit der Gasteilchen steigt jedoch mit erhöhter Temperatur an, so daß die Schwerkraft der Erde selbst bei schwereren Teilchen nicht ausreichte, sie am Entweichen zu hindern. So hat die Erde vielleicht ein paar hundert Millionen Jahre nach ihrer Entstehung ihre erste Atmosphäre wieder verloren. Woher weiß man das? Es ist durch eine höchst elegante Überlegung der Nachweis geführt worden, daß dieser Verlust in der Tat stattgefunden haben muß. Dieser Beweis ist so stichhaltig, daß er gleichzeitig auch umgekehrt als Beweis dafür gelten kann, daß die Oberfläche der Erde in Urzeiten mindestens einmal sehr heiß gewesen sein muß.

Der Beweis stützt sich auf die Häufigkeit der sogenannten Edelgase in unserer Atmosphäre. Nehmen wir zum Beispiel einmal das Element Neon, das wir von den Neonröhren her kennen. Neon ist ein Gas, dessen Teilchen sich mit keinem anderen chemischen Element verbinden und das gleichzeitig schwer genug ist, um von der Erde zurückgehalten zu werden. Die Astronomen haben nun nachgewiesen, daß das Element Neon im Weltall ein relativ häufiger Stoff ist, während er prozentual in der Erdatmosphäre außerordentlich selten ist. Es hat ja auch relativ lange gedauert, bis dieses Element überhaupt entdeckt worden ist. Da das Edelgas Neon sich mit keinem anderen Element chemisch verbindet, müßte es auch heute noch in unserer Atmosphäre mit seiner ursprünglichen großen Häufigkeit vorhanden sein. So können wir nur den Schluß ziehen, daß das heute praktisch fehlende Neon beim Verlust der Uratmosphäre der Erde bis auf einen winzigen Rest, den wir heute noch finden, in das Weltall entwichen ist. Ein solches Entweichen kann aber nur bei hohen Temperaturen stattgefunden haben, und daraus folgt, daß die Erdoberfläche irgendwann einmal in der geologischen Geschichte unseres Planeten sehr heiß gewesen sein muß. Diese logische Kette ist eines der schönsten Beispiele für die Tatsache, wie sehr heute die einzelnen Wissenschaftsgebiete zusammenarbeiten und wie es dadurch möglich ist, recht bündige Antworten zu geben auf Fragen, für die es schlechterdings keine Antwort zu geben scheint.
Als jedoch die Erdkruste einige Zeit nach ihrer Entstehung zu erstarren begann, entstand sofort wieder eine neue Atmosphäre, und zwar vermutlich in relativ kurzer Zeit. In der damaligen Zeit muß auf der Erde ein gewaltiger Vulkanismus geherrscht haben, und wenn sich auch bereits riesige Schlackenfelder gebildet hatten, so bedeckten doch noch glutflüssige Lavamassen einen großen Teil ihrer Oberfläche. In flüssiger Lava und in dem Eruptionsmaterial von Vulkanen jedoch war eine große Zahl von flüchtigen Stoffen enthalten, die aus zahlreichen Ventilen aus dem Innern der Erde strömten. Woraus bestanden diese Gase und Dämpfe?
Die Erde hat sich ja ursprünglich aus einer typischen Mischung von universeller Materie gebildet, und so genügt es zur Beantwortung dieser Frage, wenn wir uns überlegen, welches sind die häufigsten Elemente in einer typischen Probe der Materie des Weltalls. Dies sind, der Reihenfolge ihrer Häufigkeit nach genannt: Wasserstoff, Helium, Kohlenstoff, Stickstoff und Sauerstoff. Dabei beanspruchen Wasserstoff und Helium den Löwenanteil. Helium können wir als einen Kandidaten bei der Mitbildung der Atmosphäre und der Ozeane gleich von vornherein ausschließen. Da es sich mit keinem anderen Element verbin-

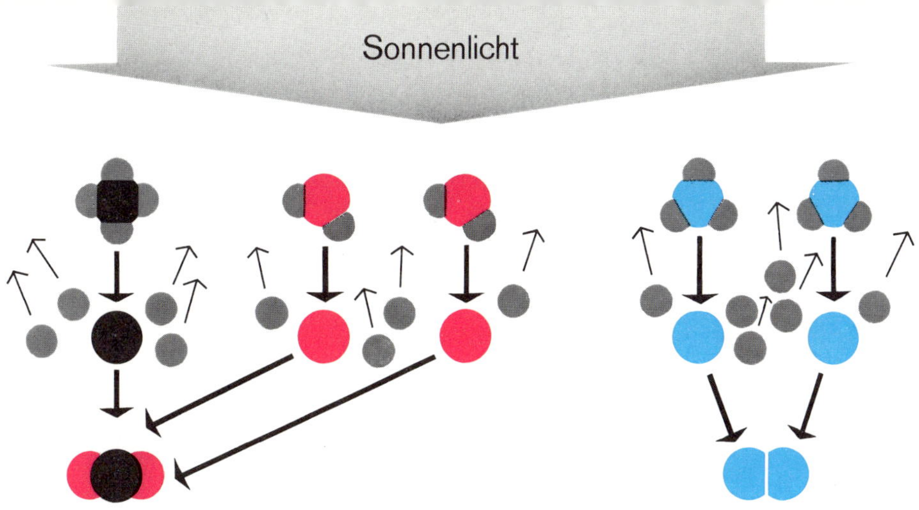

Umwandlung von Molekülen der urtümlichen Erdatmosphäre durch die zerlegende Wirkung des ultravioletten Sonnenlichtes. Erklärung der Symbole in Grafik Seite 210/211. Methan (CH_4), Ammoniak (NH_3) und Wasser (H_2O) wandeln sich um in Kohlendioxyd (CO_2) und reinen Stickstoff (N_2). Der freigesetzte Wasserstoff entweicht ins All

det und seine Atome so leicht sind, entweicht Helium laufend in den Weltraum. Das wissen wir ja schon; denn obwohl Helium der zweithäufigste Stoff im Weltall ist, ist er auf der Erde eine Seltenheit. Der Wasserstoff jedoch ist ein chemisch sehr aktives Element, und so mußte man erwarten, daß er sich mit den anderen nächst häufigen Elementen chemisch verbunden hat: also mit Kohlenstoff, Stickstoff und Sauerstoff.

An dieser Stelle müssen wir noch einmal kurz jene Zustände betrachten, die einst zur Bildung der Erde und der anderen Planeten geführt haben. Wenn wir nämlich die chemische Struktur der Erdatmosphäre verstehen wollen, so haben wir jene chemischen Elemente und vor allem die möglichen chemischen Reaktionen zwischen ihnen zu betrachten, die Gase bilden und damit zur Masse einer Planetenatmosphäre überhaupt beitragen konnten. Wasserstoff war im Übermaß vorhanden, und so müssen wir uns nach den einfachsten Wasserstoffverbindungen der häufigsten Elemente, das heißt Kohlenstoff, Stickstoff und Sauerstoff, umsehen. Die einfachsten Wasserstoffverbindungen dieser Elemente sind nun Methan (CH_4), Ammoniak (NH_3) und Wasser (H_2O). Es existierte in dem Material, aus dem die Erde ursprünglich entstand, genug Wasserstoff, um alle vorhandenen Atome des Kohlenstoffs, des Stickstoffs und des Sauerstoffs zu binden, und diese Verbindungen erzeugten genügend

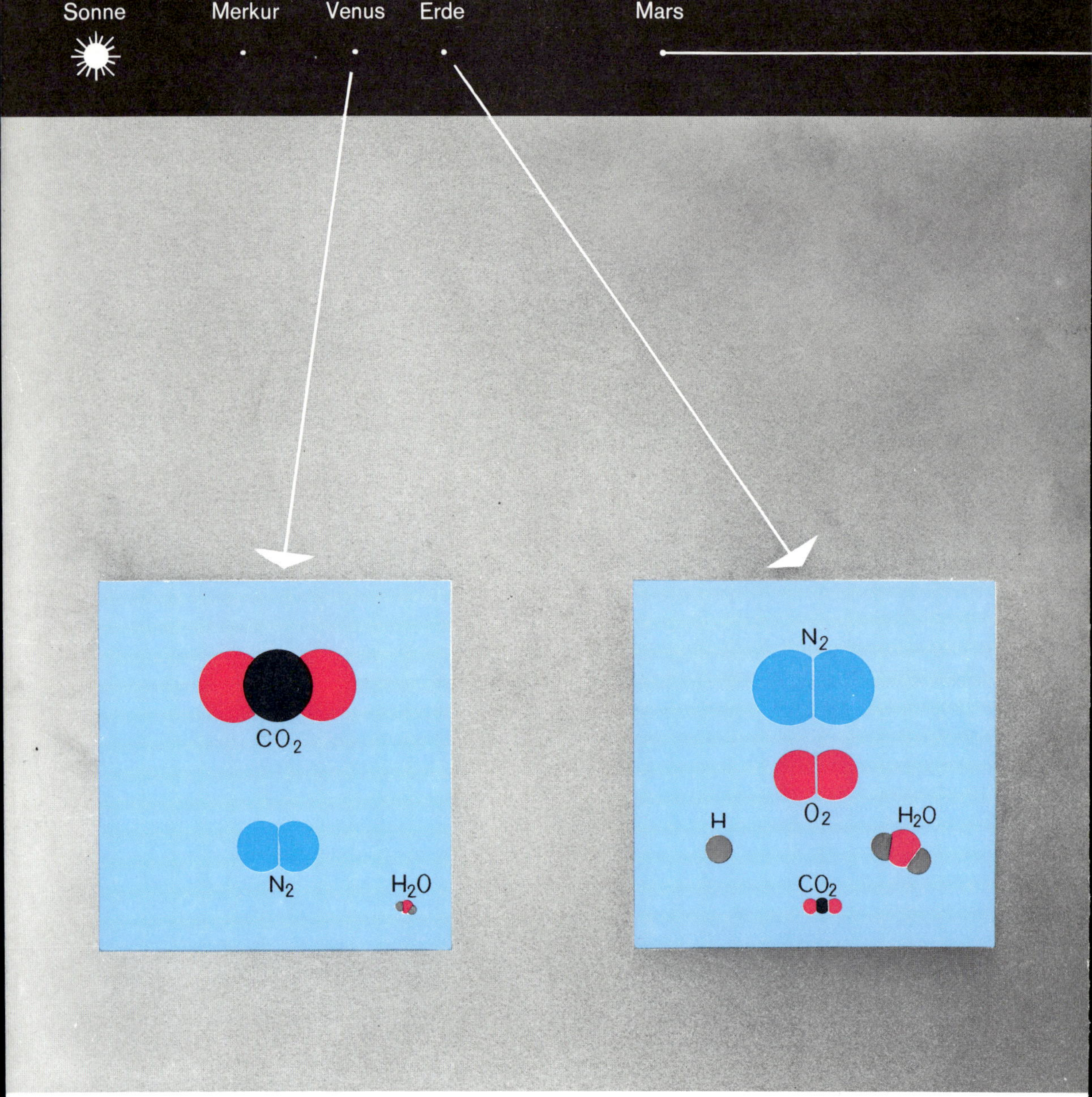
Sonne
Merkur
Venus
Erde
Mars
CO2
N2
H2O
N2
O2
H
H2O
CO2

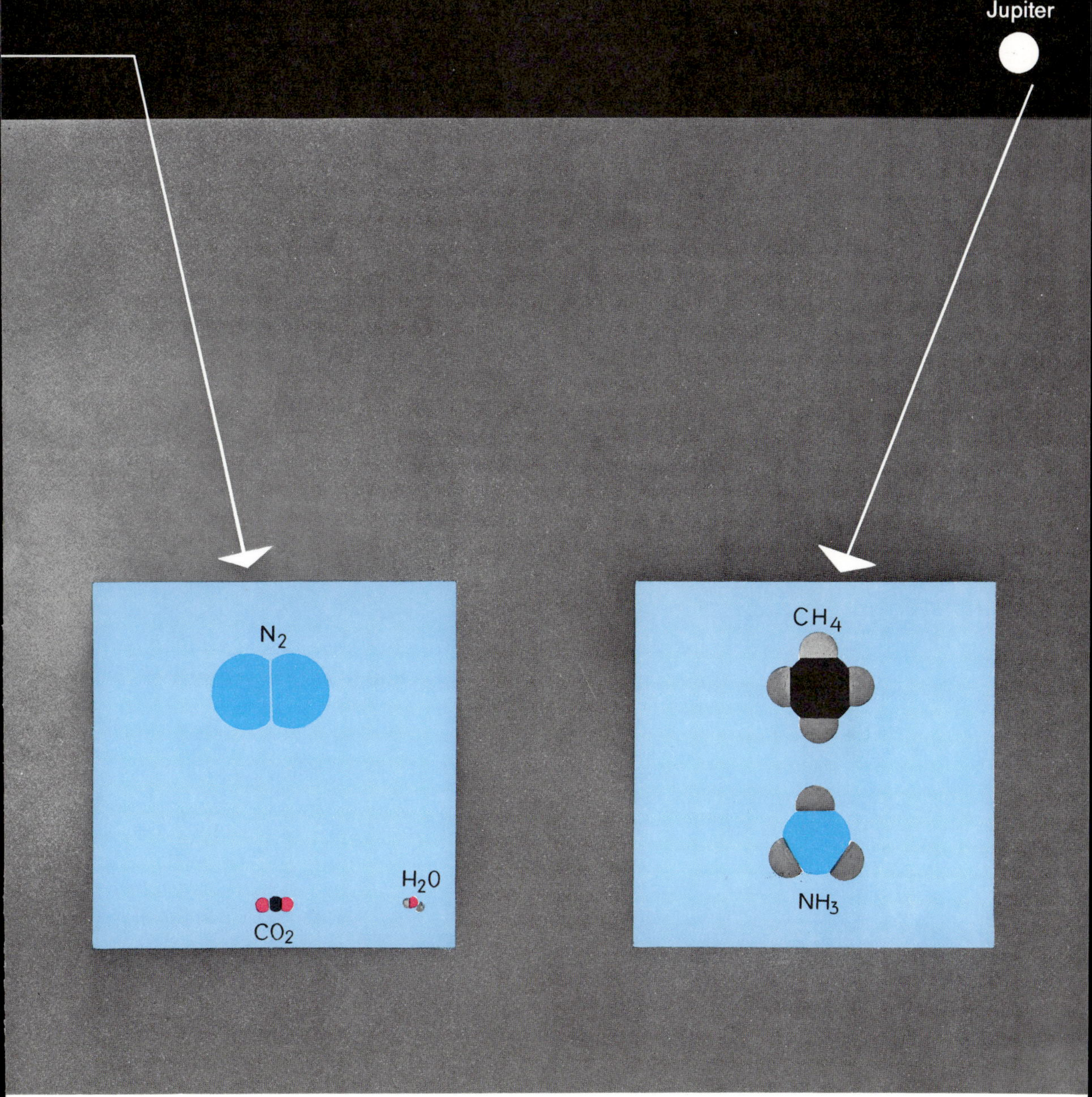

Größe eines Planeten und seine Entfernung von der Sonne bestimmen den chemischen Charakter seiner Atmosphäre. Die Größe, mit der die einzelnen Symbole der Moleküle dargestellt sind, gibt einen Hinweis auf die relative Häufigkeit der verschiedenen Verbindungen auf den einzelnen Planeten

Methan, Ammoniak und Wasser, die sich der Erdkörper einverleibte und die zur Bildung einer zweiten Atmosphäre zur Verfügung standen.
Als die Oberfläche der Erde genügend erkaltet war, kondensierte sich der Wasserdampf in Form von Wasser und bildete das Weltmeer. Ammoniak und Methan blieben als Gase in der Atmosphäre. Das war also die zweite Atmosphäre der Erde, die vielleicht vor 4 Milliarden Jahren unseren Planeten einhüllte. Die gesamte Wassermenge der Urozeane war vermutlich viel kleiner als heute, da die Erdkruste bis zum heutigen Tage noch laufend jungfräuliches Wasser abgibt. Die Exhalationsprodukte der Vulkane bestehen nämlich heute noch zu über 90 Prozent aus Wasserdampf, der zum größten Teil als Bestandteil des Materials aus den tieferen Schichten der Erde an die Oberfläche kommt. In Mexiko gibt es einen relativ kleinen Vulkan, der eine außerordentlich ergiebige Wasserdampfquelle ist. Man hat ausgerechnet, daß dieser Vulkan allein imstande gewesen wäre, mit seiner heutigen Tätigkeitsrate im Laufe von 4 Milliarden Jahren das gesamte Wasser der Weltmeere zu liefern. Wir dürfen daher annehmen, daß das Weltmeer nicht auf einmal entstanden ist, sondern daß es sich im Laufe der geologischen Geschichte unseres Planeten stetig angereichert hat und heute noch anreichert.
Doch zurück zu jenem Zustand, der auf der Erde kurz nach dem Erkalten ihrer Kruste herrschte. Da ist bereits ein Urozean, vermutlich mit einer wesentlich geringeren Wassermenge als heute, und eine Atmosphäre, die in der Hauptsache aus Methan und Ammoniak bestand. Ammoniak ist außerordentlich wasserlöslich, so daß wir auch annehmen müssen, daß jenes Urmeer große Mengen davon in gelöster Form enthielt.
Es ist übrigens sehr interessant festzustellen, daß die Atmosphären der äußeren, großen Planeten Jupiter, Saturn, Uranus und Neptun fast ausschließlich aus Methan und Ammoniak bestehen. Offenbar sind die Atmosphären dieser Planeten in jenem Urzustand stehengeblieben. Auf unserer Erde jedoch müssen sich ganz bedeutende Prozesse abgespielt haben, die dazu führten, daß sich die Erdatmosphäre chemisch ganz entscheidend gewandelt hat. Heute enthält die Erdatmosphäre kein Ammoniak und Methan mehr; sie besteht dagegen fast ausschließlich aus Stickstoff und Sauerstoff.
Wenn also diese beiden Stoffe Ammoniak und Methan einst die Hauptbestandteile der Erdatmosphäre waren und heute praktisch nicht mehr vorhanden sind, so müssen wir uns die Frage stellen, wo sind sie geblieben? Wir müssen daher nach einer Kraft Ausschau halten, die imstande gewesen ist, diese Stoffe chemisch zu zerlegen. Diese Kraft liegt in den Sonnenstrahlen. Die Son-

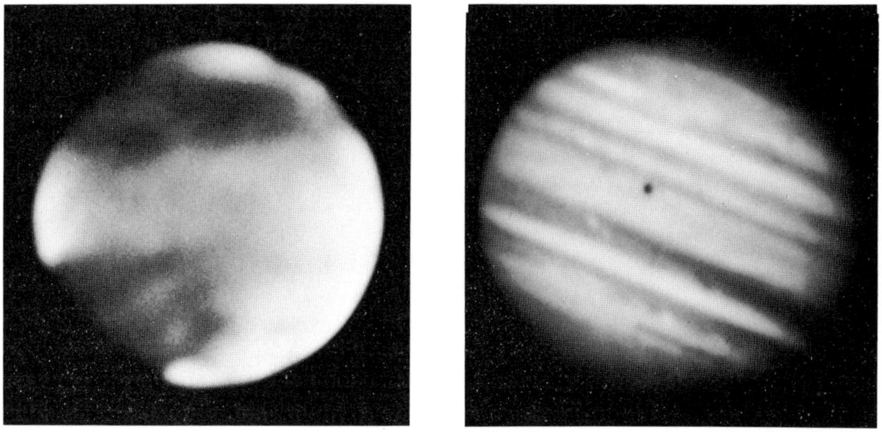

Fotografien der Planeten Mars (links) und Jupiter (rechts). Die Planeten sind zu klein und zu weit entfernt, um aus Fotos allein Schlüsse auf die Chemie ihrer Atmosphären ziehen zu können. Dazu dient die Spektralanalyse

nenstrahlung enthält etwa 7 Prozent der sogenannten ultravioletten Strahlung, das heißt jener sehr energiereichen Strahlung, deren chemische Wirkung wir immer dann an uns selbst erkennen können, wenn wir uns nach übermäßiger Bestrahlung einen Sonnenbrand holen. Ammoniak und Methan waren jahrmillionenlang dieser ultravioletten Sonnenstrahlung ausgesetzt, die genug Energie enthält, um die Teilchen dieser Stoffe in ihre Urbestandteile zu zerlegen. Aus Ammoniak entstanden daher Stickstoff und Wasserstoff, und aus Methan entstanden Kohlenstoff und Wasserstoff. Gleichzeitig befand sich auch Wasser in der Luft, und zwar in der Form von Wasserdampf, der ebenfalls in seine Bestandteile zerlegt wurde, und zwar in Sauerstoff und Wasserstoff. Was mit dem frei gewordenen Wasserstoff geschieht, das wissen wir bereits: Die Schwerkraft der Erde ist zu klein, um ihn zu halten, und er entweicht in den Weltraum. Es bleibt also ein Gemisch von Stickstoff, Kohlenstoff und Sauerstoff übrig. Es ist nun von der Chemie her bekannt, daß der Stickstoff als chemischer Partner in freier Konkurrenz relativ träge ist, auch gegenüber den beiden anderen Partnern in der damals vorhandenen Mischung, nämlich Kohlenstoff und Sauerstoff. Auf der anderen Seite besteht eine sehr starke

Affinität zwischen Kohlenstoff und Sauerstoff, so daß also das Ergebnis der Prozesse, die man nun erwarten mußte, auf der Hand lag: Der Stickstoff blieb allein, während sich Kohlenstoff und Sauerstoff zu Kohlendioxyd verbanden. Kohlendioxyd ist das uns allen bekannte Gas, das in einem Sektglas perlt. Unter dem Einfluß der Sonnenstrahlung hat sich demnach im Laufe der Jahrmillionen die Atmosphäre der Erde umgewandelt, und während sie früher aus Ammoniak, Methan und Wasserdampf bestand, enthielt sie dann Stickstoff und Kohlendioxyd. Bevor wir in unserer Geschichte fortfahren, wollen wir eine Frage beantworten, die auf der Hand liegt: Warum haben sich dieselben Prozesse nicht auf den Planeten Jupiter, Saturn, Uranus und Neptun abgespielt? Diese Planeten haben ihre Uratmosphäre behalten, da sie groß genug sind, um auch den Wasserstoff an sich zu ketten. Zudem ist die Sonnenstrahlung dort wegen der großen Entfernung dieser Planeten von der Sonne viel schwächer, so daß die wenigen Wasserstoffatome, die von den Ammoniak- und Methanteilchen abgetrennt wurden, bald wieder einen Partner fanden, wobei sich erneut Ammoniak oder Methan bildete. Die Uratmosphären der großen Planeten waren und sind stabil, und deshalb existieren sie heute noch.
Das ist also die dritte Atmosphäre in der Geschichte unseres Planeten, die nun aus Stickstoff und Kohlendioxyd bestand. Dies ist jedoch offenbar immer noch nicht die Atmosphäre der Erde, die sie heute besitzt. Die Schwesterwelt der Erde, der Planet Venus, hat heute noch eine Atmosphäre von Kohlendioxyd und Stickstoff. Offenbar ist sie auf dieser Stufe stehengeblieben. Auch sie hat vermutlich früher eine Atmosphäre aus Ammoniak und Methan besessen, und die Umwandlung dieser Atmosphärenbestandteile in Stickstoff und Kohlendioxyd mußte bei ihr vermutlich noch schneller abgelaufen sein als bei der Erde. Die Venus ist praktisch so groß wie die Erde, infolgedessen hat auch sie ihren Wasserstoff verloren; hinzu kommt, daß sie der Sonne noch näher steht und die Sonnenstrahlung dort mehr als doppelt so stark ist. Der Abbau des ursprünglichen Ammoniaks und Methans muß also in der Venusatmosphäre noch schneller vor sich gegangen sein als in der Erdatmosphäre.
Vielleicht sollten wir an dieser Stelle die Entwicklungsgeschichte der Erdatmosphäre kurz unterbrechen und die Atmosphären der Schwesterwelten der Erde betrachten. Wir haben dieses Thema schon mehrfach angeschnitten; indessen sind wir jetzt an dem Punkt angelangt, wo uns – ich möchte sagen – eine vergleichende Atmosphärenkunde der Planeten zum Verständnis unserer eigenen Erde sehr dienlich sein kann. Alle Planeten sind – das darf man wohl mit Sicherheit annehmen – zur gleichen Zeit entstanden, und sie unterscheiden sich

im Prinzip nur durch zwei urtümliche Eigenschaften: erstens durch ihre Größe und zweitens durch ihre Entfernung von der Sonne. Wir haben schon in einigen Beispielen gesehen, daß diese beiden Eigenschaften einen ganz entscheidenden Einfluß auf die Entwicklung und auf die Struktur einer Planeten-Atmosphäre haben. Wenn ein Planet oder Mond sehr klein ist, ist er überhaupt nicht imstande, eine Atmosphäre zu halten; wenn er etwa die Größe der Erde oder der Venus besitzt, dann kann er das häufigste und chemisch recht wichtige Element Wasserstoff nicht zurückhalten, es sei denn in der Form einer chemischen Verbindung. Kohlenstoff, Stickstoff und Sauerstoff dagegen kann er halten. Ein sehr großer Planet dagegen verliert seinen Wasserstoff nicht. Planeten, die der Sonne sehr nahe stehen, wie etwa die Venus und die Erde, müssen damit rechnen, daß die ultraviolette Sonnenstrahlung kräftig in die Chemie ihrer Atmosphären eingreift. Bei den Planeten, die in großer Entfernung um die Sonne kreisen, ist der Sonneneinfluß auf die Chemie der Atmosphäre gering.
Es ist bestimmt sehr aufschlußreich, wenn wir das Planetensystem jetzt einmal unter diesen beiden Gesichtspunkten, Planet für Planet, besprechen.
Beginnen wir mit dem Planeten Merkur, dem sonnennächsten Planeten, der nur um ein weniges größer ist als der Mond. Wir haben zuvor über den Mond und seine Unfähigkeit, ein Meer oder eine Atmosphäre zu halten, schon gesprochen, so daß wir über den Merkur nicht viele Worte zu verlieren brauchen. Auch er ist zu klein, um ein Weltmeer oder um eine Atmosphäre zu halten.
Über die Venus haben wir schon erfahren, daß ihre Atmosphäre in der Hauptsache aus Kohlendioxyd besteht, vermutlich vermischt mit Stickstoff und Argon und einer Spur von Wasserdampf. Der nächste Planet in der Reihe ist unsere eigene Erde. Die Geschichte ihrer Atmosphäre und ihres Weltmeeres haben wir bis zu einem bestimmten Punkt beschrieben; wir sind so weit gekommen, daß die Erde schon seit langem einen Ozean besitzt und eine Atmosphäre gehabt haben muß, die vor vielleicht 3 bis 4 Milliarden Jahren, ebenso wie die Venusatmosphäre heute, aus Kohlendioxyd und Stickstoff bestand.
Mars ist der vierte Planet. Ihn wollen wir an dieser Stelle vielleicht überspringen und die äußeren Planeten Jupiter, Saturn, Uranus und Neptun betrachten, über die wir zuvor auch schon gesprochen haben. Die Atmosphären dieser Planeten bestehen noch immer aus dem urtümlichen Gemisch von Ammoniak und Methan, und wir haben auch gesehen, warum sie in diesem Zustand verharrten. Sie sind groß genug, um den leichten Wasserstoff zu halten, und so weit von der Sonne entfernt, daß die urtümlichen chemischen Verbindungen Ammoniak und Methan auf ihnen wohl für immer beständig sein werden.

Diese vier Planeten haben die Metamorphose, welche die Venus und die Erde mit ihren Atmosphären durchgemacht haben, nicht erlebt.
Nun zurück zum Mars. Mars ist der zweitkleinste unter den Planeten, größer als Merkur, aber nur etwa ein Zehntel so reich an Masse wie Erde und Venus. Seine Schwerkraft ist daher wesentlich kleiner, und so können wir verstehen, daß er seinen Wasserstoff in allen Phasen der Entwicklung immer sehr schnell verloren hat. Die Geschichte sciner Atmosphäre ist auch sonst ganz anders verlaufen. Wir haben zuvor gesehen, daß bei der Erde nach dem Verlust der Uratmosphäre erneut Wasserdampf aus dem Innern entwichen ist und zur Bildung der Ozeane geführt hat. Bei dem viel kleineren Mars ist vermutlich die Bildung von Wasserdampf schon immer wesentlich geringer gewesen. In demselben Tempo, in dem der kleine Marskörper Wasserdampf produzierte, hat ihn die Sonnenstrahlung in Wasserstoff und Sauerstoff zerlegt. Der Wasserstoff ist sehr schnell entwichen, und der übriggebliebene Sauerstoff ist bei der Oxydation des Marsgesteins verbraucht worden. Das ist auch der Grund für die rote Farbe des Planeten Mars, die vermutlich von einer starken Anreicherung von Eisenoxyd auf der Oberfläche des Planeten herrührt. Kurz gesagt, wie es einem alten Kriegsgott gebührt, im Laufe der Jahrmilliarden ist seine Rüstung etwas rostig geworden. Nur ein geringer Teil des Sauerstoffs hat sich, wie bei der dritten Atmosphäre der Erde, in der Form von Kohlendioxyd erhalten, der Rest der Marsatmosphäre besteht vermutlich aus Stickstoff und Argon.
Die Entfernung eines Planeten von der Sonne und die Natur seiner Atmosphäre bestimmen auch seine Farbe. Die dichte Wolkendecke, die den Planeten Venus einhüllt, verleiht ihm seinen blendendweißen Glanz. Bei dem Planeten Mars ist die Atmosphäre so dünn, daß wir bis auf die rötliche Wüste blicken können, die den größten Teil seiner Oberfläche bildet. Die vier großen Planeten, Jupiter, Saturn, Uranus und Neptun, besitzen ebenfalls einen dichten Wolkenschleier, dessen Farben von der Chemie ihrer Atmosphäre bestimmt wird. In immer größerer Entfernung von der Sonne nehmen die Absorptionen des Methans und des Ammoniaks immer mehr zu, so daß die äußersten Planeten einen kleinen Stich ins Grüne aufweisen.
Nur unser Planet ist blau – der einzige blaue Planet im Sonnensystem. Zwar sind weite Strecken der Erde von Wolken bedeckt, die vom Weltraum aus gesehen das Licht der Sonne blendend weiß reflektieren. Die klare Luft jedoch streut das Sonnenlicht nach allen Seiten, wobei die blauen Wellenlängen des Lichtes bevorzugt werden. Von der Erde aus gesehen ist der Himmel blau, und das Blau des Himmelslichts wird auch in den Weltraum hinausgestrahlt.

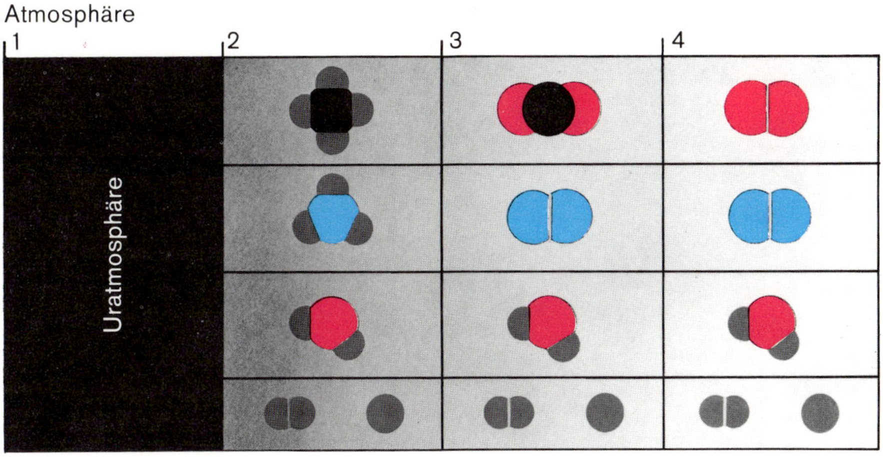

Die 4 Atmosphären, welche die Erde im Laufe ihrer geologischen Geschichte besessen hat; die chemische Zusammensetzung ist durch Molekülsymbole des Methans, des Ammoniaks, des Kohlendioxyds, des Wasserdampfes, des Stickstoffs und des Sauerstoffs symbolisiert

Dadurch entsteht jener blaue Schimmer, in den unser Planet eingehüllt erscheint, wenn man ihn von außen her erblickt. An den Stellen, wo die Luft klar ist, blickt das Auge bis zur Oberfläche, und an vielen Stellen sieht man das Weltmeer, denn die Ozeane bedecken ja mehr als zwei Drittel der Oberfläche der Erde. Das Blau des Meeres hat also auch einen Anteil an der blauen Farbe unseres Planeten.

Größe und Entfernung eines Planeten von der Sonne sind demnach die entscheidenden Faktoren für die Struktur seiner Atmosphäre. Venus und Erde sind Nachbarn, vergleichsweise im selben Abstand von der Sonne und fast genau gleich groß. Nach unserer These müßten ihre Atmosphären demnach die gleiche Zusammensetzung haben. Das ist jedoch nicht der Fall. Im Gegensatz zur Venus muß demnach auf der Erde noch eine andere, ganz entscheidende Kraft wirksam gewesen sein, die dazu geführt hat, daß die Erde die Struktur ihrer Atmosphäre noch einmal gewandelt hat.

Es kann heute kein Zweifel sein, daß das Leben diese Kraft darstellt. Wir können daher die Diskussion über die Geschichte der Erdatmosphäre nicht abschließen, ohne das hervorragende Phänomen des Lebens zu berücksichtigen.

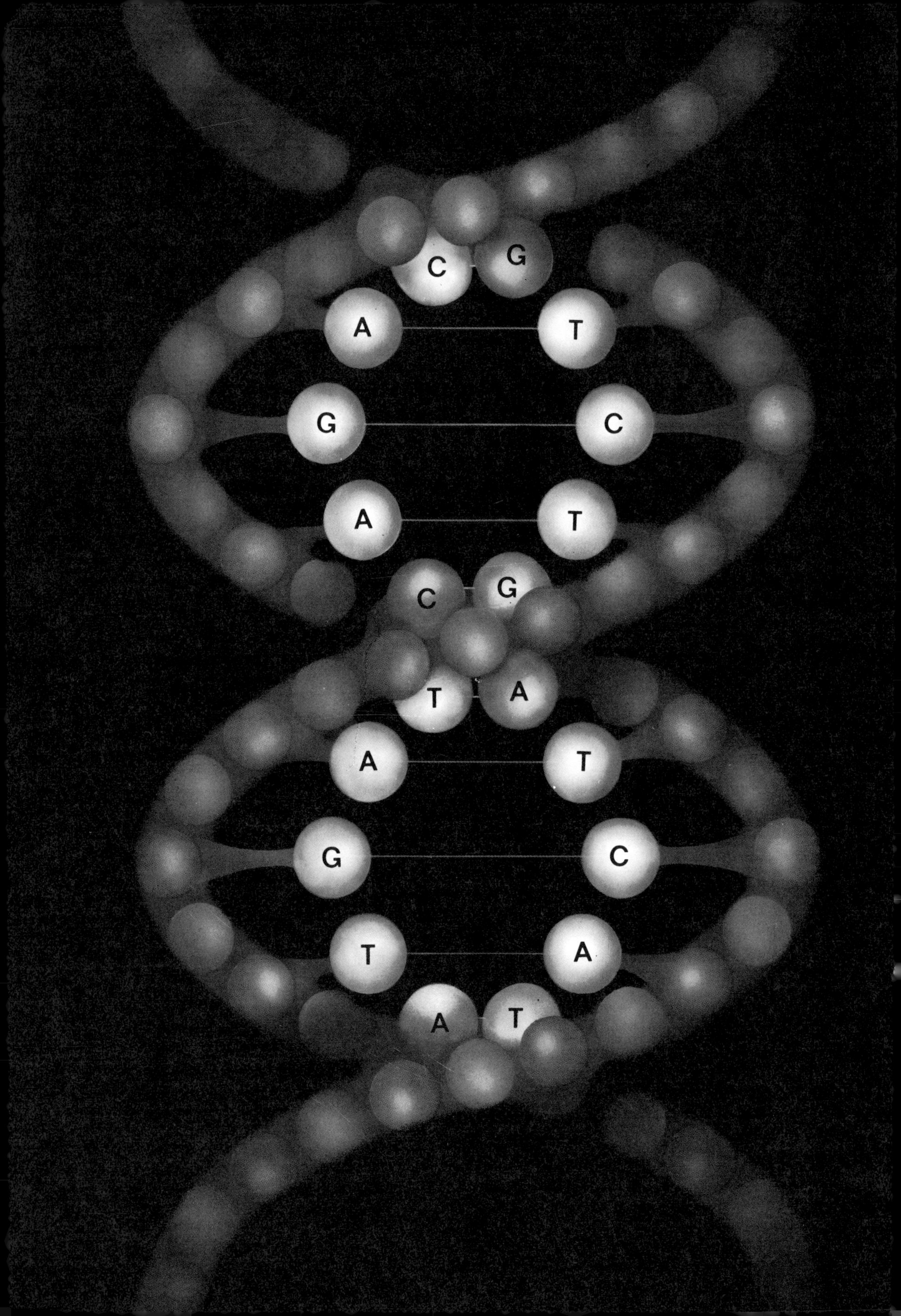
C G
A T
G C
A T
C G
T A
A T
G C
T A
A T

6_Die Entstehung des Lebens

Die Frage nach dem Ursprung des Lebens hat die Gemüter der Menschen schon immer außerordentlich stark bewegt. Wir haben zuvor das Phänomen des Lebens auf unserer Erde schon einmal anschneiden müssen, und zwar an einer bestimmten Stelle in unserer Diskussion über den Ursprung und den Werdegang der irdischen Atmosphäre im Laufe der geologischen Geschichte. Wir haben dabei gesehen, daß die heutige Atmosphäre unseres Planeten keineswegs schon seit Urzeiten, also seit der Geburt der Erde, bestanden hat. Ganz im Gegenteil, unsere Erde hat während ihres Lebens insgesamt nicht weniger als vier chemisch völlig verschiedene Atmosphären besessen, von denen die erste, die Uratmosphäre, in einer bestimmten Phase der Erde in relativ kurzer Zeit praktisch völlig verlorenging. Anschließend dann hat sich eine neue Atmosphäre gebildet, die jedoch im Laufe der Entwicklung noch zweimal sehr langsam ablaufende Veränderungen in ihrer chemischen Struktur erfahren hat, bis schließlich die heutige Zusammensetzung der Luft mit rund 80 Prozent

Struktur eines Desoxyribonukleinsäure-Moleküls (DNS), wie es in den Chromosomen der Zellkerne vorkommt. Zwei lange Ketten, abwechselnd aus Zuckermolekülen (rosa) und Phosphorsäure (grau) gebildet, ordnen sich zu einer Doppelschraube. An die Zuckermoleküle gebunden sind Basen (weiß), die, paarweise miteinander durch Wasserstoffbrücken (dünne Linien) verknüpft, die Doppelschraube zusammenhalten. Diese Basen sind die Purine Adenin A und Guanin G sowie die Pyrimidine Cytosin C und Thymin T. Ihre Reihenfolge in der Einzelkette und ihre Stellung zueinander in der Doppelschraube bestimmen den Typ des DNS-Moleküls

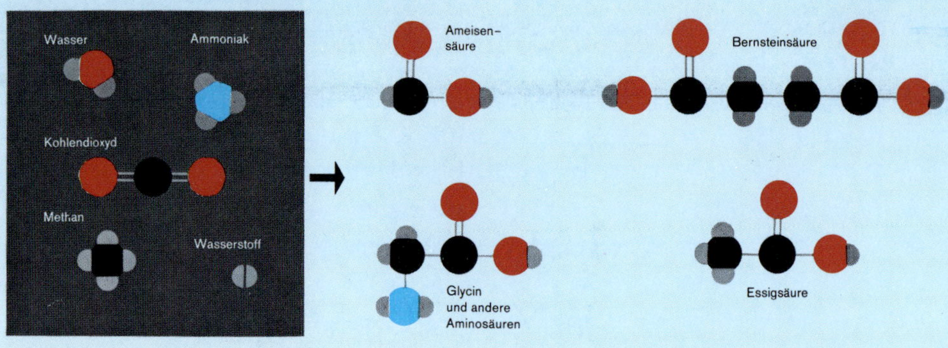

Stickstoff und 20 Prozent Sauerstoff entstand. Die letzte Phase dieser Entwicklung ist durch die Aktivität des Lebens, das als der wichtigste chemische Motor auf der Erdoberfläche angesehen werden muß, bestimmt worden. Vielleicht sollten wir an dieser Stelle – auch auf die Gefahr hin, uns zu wiederholen – noch einmal kurz die Vorgänge skizzieren, die zur Bildung der ersten drei Atmosphären der Erde geführt haben, das heißt, bis zu jenem Punkte, bei dem die Wirkung des Lebens einsetzte und von da an die Natur unsere Atmosphäre entscheidend gestaltete.

Die Erde ist, genauso wie die anderen Planeten, vor etwa 5 bis 6 Milliarden Jahren entstanden. Das Material, aus dem die Planeten zusammengesetzt sind, bestand dabei erwartungsgemäß aus jener Mischung von chemischen Elementen, welche der Urmaterie des Universums entspricht. Da wir im Augenblick im wesentlichen über die Atmosphäre sprechen wollen, können wir uns auf jene Elemente und chemischen Verbindungen unter ihnen beschränken, die in einem weiten Temperaturbereich gasförmig sind und daher zur Bildung einer Atmosphäre beitragen können. Auch brauchen wir über die Zusammensetzung der Uratmosphäre der Erde nicht viel zu sagen, da sie ja – wie wir vorhin schon feststellten – wieder verlorenging. Einige Zeit nach der Geburt des Planeten war seine Oberfläche für eine relativ kurze Zeit sehr heiß, und dabei sind die gesamten gasförmigen Bestandteile des Erdkörpers – also die Uratmosphäre – gewissermaßen weggedampft und haben sich im Weltall verloren. Erst als die Erde wieder erkaltete, haben Gase und Dämpfe, die von Vulkanen und glühenden Lavafeldern abgegeben wurden, das Material für eine neue Atmosphäre geliefert. Im chemischen Aufbau dieser zweiten Atmosphäre der Erde spiegelt sich im wesentlichen noch die relative Häufigkeit der chemischen Elemente wider, wie sie heute noch prozentual der Zusammensetzung der universellen Materie entspricht. Am häufigsten waren Wasserstoff und Helium, die beiden leichtesten Elemente; die nächst häufigste Gruppe bilden Kohlen-

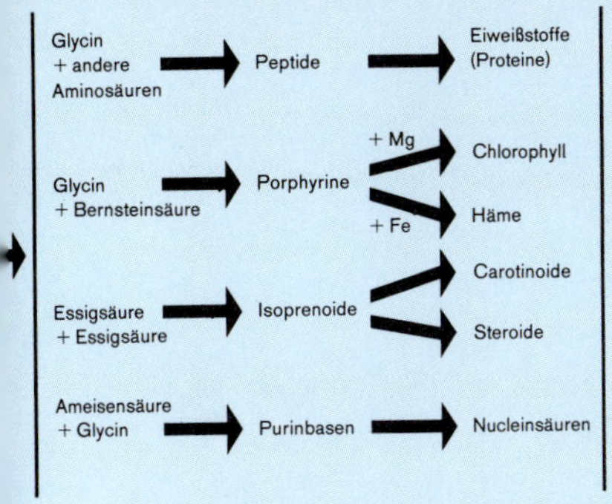

Wasser, Kohlendioxyd, Methan, Ammoniak und Wasserstoff waren in der Uratmosphäre der Erde (und z.T. im Meerwasser gelöst) vorhanden. Unter Einwirkung von elektrischen Entladungen und ultravioletter Strahlung bildeten sich daraus einfache organische Verbindungen, wie Ameisensäure, Essigsäure, Bernsteinsäure, Glycin u.a. Aminosäuren. Aus diesen einzelnen Komponenten entstanden dann Nukleinsäuren, Steroide, Carotinoide, Häme, Chlorophyll und Proteine (nach H. J. Bielig)

stoff, Stickstoff und Sauerstoff. Da Helium chemisch unwirksam ist, bestand also die neue Erdatmosphäre erwartungsgemäß aus chemischen Verbindungen des Wasserstoffs mit den drei nächst häufigsten Elementen, nämlich Kohlenstoff, Stickstoff und Sauerstoff. Die fundamentalen Wasserstoffverbindungen dieser Elemente sind jedoch Methan (Kohlenstoff und Wasserstoff), Ammoniak (Stickstoff und Wasserstoff) und Wasser (Sauerstoff und Wasserstoff). Als sich die Erdoberfläche genügend abgekühlt hatte, schlug sich das Wasser nieder, und es bildeten sich die Weltmeere. So verblieb als zweite Atmosphäre der Erde ein Gasmantel aus Methan und Ammoniak, in dem sich auch immer noch reichlich Wasserdampf befand.

Das Schicksal dieser zweiten Atmosphäre wollen wir nun noch weiter verfolgen, und sie hat – wie wir oben erwähnten – zwei entscheidende Wandlungen erfahren. Die erste Wandlung ereignete sich noch als Folge der physikalischen Kräfte allein, während die zweite und entscheidende Wandlung, bei der unsere heutige Atmosphäre entstand, auf die Wirkung des Lebens zurückzuführen ist. Auf die Atmosphäre, die aus Ammoniak, Wasserdampf und Methan bestand, wirkte nun die energiereiche, ultraviolette Strahlung der Sonne, die den Wasserstoff von diesen drei Molekülen absprengte, so daß Kohlenstoff, Stickstoff und Sauerstoff übrigblieben. Der chemisch träge Stickstoff blieb für sich, während Kohlenstoff und Sauerstoff sich zu einer großen Masse von gasförmigem Kohlendioxyd zusammenballten. Das war die dritte Atmosphäre, die die Erde besaß, und zwar vor etwa 3 Milliarden Jahren – und ohne das Leben würde sie sie auch heute noch besitzen.

Um es gleich vorwegzunehmen, die chemische Aktivität der Pflanzen hat mit dem Prozeß der sogenannten Photosynthese das Kohlendioxyd der Luft in seine Bestandteile Kohlenstoff und Sauerstoff zerlegt. Dabei haben die Pflanzen den Kohlenstoff zum Aufbau ihrer Körpersubstanz benutzt und den überflüssigen Sauerstoff in die Atmosphäre abgegeben. So ist die heutige Atmosphäre der Erde entstanden, die ja – wie wir wissen – zu 80 Prozent aus dem aus Urzeiten stammenden Stickstoff und zu 20 Prozent aus dem von den Pflanzen erzeugten Sauerstoff besteht.

Die Existenz des freien Sauerstoffs in der Atmosphäre unseres Planeten ist keineswegs ein von sich aus stabiler Zustand. Wenn von heute auf morgen die Pflanzen ihre chemische Aktivität einstellen würden, so würde der gesamte Sauerstoff der irdischen Atmosphäre nach 3000 Jahren bereits völlig verschwunden sein. Der Sauerstoff würde sich in der Oxydation der Erdkruste und bei Verwesungsprozessen während dieser kurzen Zeit verbrauchen. Es ist also keineswegs so, daß die grünen Pflanzen den Sauerstoff der Luft einmal in grauer Vorzeit geschaffen hätten; sie machen die riesigen Sauerstoffverluste, die laufend durch Oxydation und Verwesung auftreten, immer wieder wett. Der Sauerstoff in unserer Atmosphäre verdankt seine Existenz also einem sehr delikaten Gleichgewichtszustand, den die Pflanzen durch ihre unerhört wirksame chemische Aktivität dauernd aufrechterhalten.

Sauerstoff ist chemisch so unerhört aktiv, daß er frei im Weltall normalerweise überhaupt gar nicht vorkommt, da er sich unter praktisch allen Umständen sofort chemisch bindet und dadurch als freier gasförmiger Sauerstoff verschwindet. Die Erde ist der einzige Planet in unserem Sonnensystem, der freien Sauerstoff in seiner Atmosphäre besitzt, und zwar deswegen, weil sie vermutlich auch der einzige ist, der Leben in einem solch gewaltigen Umfang trägt.

Diese hervorragende Bedeutung der Existenz des Lebens auf unserer Erde für die Chemie des Planeten ist erst in den letzten Jahrzehnten in seiner ganzen Tragweite erkannt worden. Dies ist auch der Grund, weshalb man heute die Entstehungsgeschichte unseres Planeten nicht verstehen kann, ohne auch auf das Leben und seine Entstehung einzugehen.

Da der Mensch selbst ein Lebewesen ist, hat es sehr lange Zeit gedauert, bis das Problem des Ursprungs des Lebens vorurteilslos angepackt werden konnte. Es war schon den denkenden Menschen des Altertums klar, daß höhere Lebewesen keineswegs spontan entstehen, sondern daß sie zwangsläufig von einer Mutter und einem Vater abstammen müssen. Man hat natürlich diese unterbrochene Kette weiter in die Vergangenheit zurückgesponnen und mußte irgendwann einmal, so oder so, zu einer mythischen Erklärung der Urahnen der Menschheit und der höheren Tiere greifen. Die Menschen haben allerdings sehr lange geglaubt, daß niedere Lebewesen spontan entstehen, wie etwa Würmer im Schlamm, Maden in verwesendem Fleisch und Mäuse im feuchten Heu. Natürlich wissen wir heute, daß solche Schlüsse nur auf ziemlich unwissen-

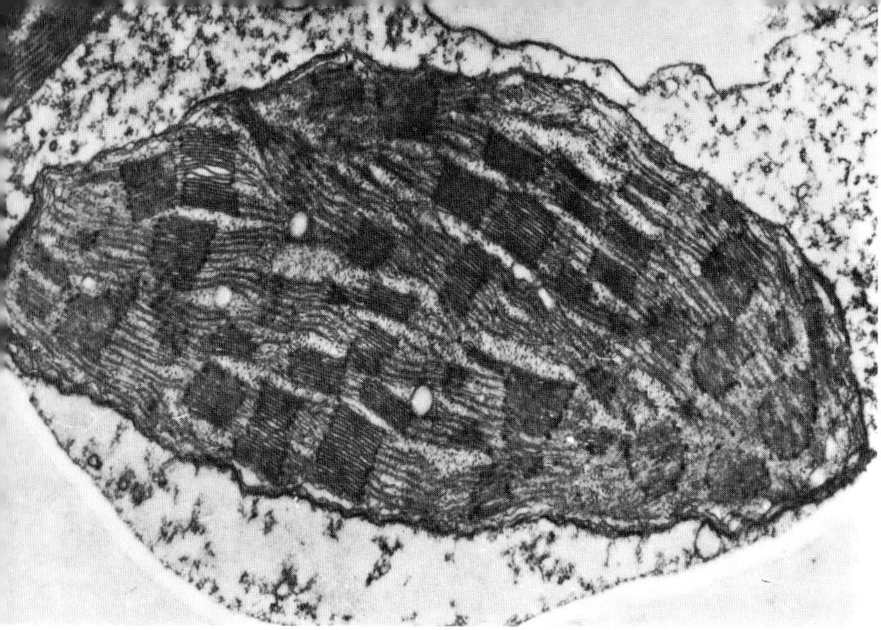

Elektronenmikroskopische Aufnahme eines Chloroplasten im Innern einer Pflanzenzelle (Originalvergrößerung 40000fach). In den in diesem Bild dunkel erscheinenden, rechteckigen Grana, die das Chlorophyll enthalten, findet die Photosynthese statt

schaftlichen und oberflächlichen Beobachtungen beruhen, obwohl noch vor ein paar hundert Jahren führende Forscher – darunter *William Harvey,* der Entdecker des Blutkreislaufes, und *Isaac Newton*, der Entdecker des Gravitationsgesetzes – an eine solche primitive Urzeugung geglaubt haben. Zwei Italiener, der Arzt *Francesco Redi* im siebzehnten Jahrhundert und der Naturforscher *Lazaro Spallanzani* im achtzehnten Jahrhundert, haben jedoch gezeigt, daß ein völlig von der Umwelt abgeschlossenes Fleischstück keine Maden entwickelt. Wir wissen heute, daß sich natürlich unter diesen Umständen keine Maden entwickeln können, wenn wir die Fliegen daran hindern, ihre Eier abzulegen. Damals war das jedoch keineswegs so selbstverständlich. Schließlich hat dann im letzten Jahrhundert der Franzose *Louis Pasteur* in einer Serie von brillanten Experimenten nachgewiesen, daß in einem sterilen Material unter keinen Umständen Leben entstehen kann.

Die eindeutigen Experimente von *Pasteur* haben die Wissenschaftler vor ein schweres Problem gestellt. Es war nun einwandfrei nachgewiesen, daß ein Lebewesen – auch das primitivste – Vorfahren haben muß, und wenn man diese Kette weiterspinnt, so kommt man irgendwann einmal an eine Grenze, und man steht der unausweichlichen Frage gegenüber: Wie ist der Ururahne des Lebens überhaupt entstanden? Wenn man diese Frage mit einiger Hoffnung auf Erfolg anpacken will, dann muß man den materiellen Aufbau eines Lebewesens studieren; das heißt, man muß Biochemie treiben. Dies unerhört umfangreiche Thema können wir hier nur streifen. Mit ein paar Hinweisen

wollen wir jene Überlegungen nachzeichnen, welche führende Wissenschaftler über die Entstehung des Lebens angestellt haben.
Wie alle anderen Körper in der Natur besteht auch ein Lebewesen aus Atomen, die sich zu Molekülen zusammenfinden. Man hat schon sehr bald nach der Begründung der modernen Chemie festgestellt, daß die in der Natur vorkommenden Stoffe in zwei große Klassen zerfallen: in die anorganischen Stoffe und in die organischen Stoffe. Allein die Bezeichnungen deuten schon auf unser Thema hin. Die anorganischen Stoffe bestehen aus Molekülen, das heißt aus zusammengesetzten Atomstrukturen, in denen sich nur wenige Atome zu einem Gesamtverband, nämlich einem Molekül, zusammengefunden haben. Wasser, Kochsalz und Schwefelsäure sollen als Beispiele genügen. Die organischen Stoffe dagegen bestehen aus Molekülen, die Hunderte, Tausende, ja Zehntausende von Atomen umfassen. Sie sind ungeheuer komplex, sie sind ungeheuer wandlungsfähig, und die mögliche Zahl ihrer Kombinationen ist unerschöpflich. Diese phantastische Kombinations- und Wandlungsfähigkeit der organischen Moleküle beruht im wesentlichen auf der Eigenschaft des Kohlenstoffatoms, sich mit sich selbst zu verbinden und dabei lange Ketten, Ringe und Spiralstrukturen im Reich der Moleküle zu bilden. Es verbindet sich dabei mit Wasserstoff, Sauerstoff, Stickstoff, Phosphor, Schwefel, Eisen, Magnesium und einer weiteren Anzahl von sogenannten Spurenelementen des Lebens.
Es würde zu weit führen, hier auch nur einen Überblick geben zu wollen über die verschiedensten Molekülstrukturen, die das Substrat eines lebendigen Wesens bilden. Wir wollen nur einige nennen. Ein Hauptbestandteil der Lebenssubstanz sind die Proteine. Die Proteine sind sehr komplex gestaltete Strukturen, die aus den sogenannten Aminosäuren aufgebaut sind. Man hat bisher 19 verschiedene Aminosäuren gefunden, die sich in immer wieder anderen Kombinationen spiralförmig aufbauen, die aus Zehn- oder Hunderttausenden von Atomen bestehen. Weitere chemische Bestandteile eines Organismus sind Fette, Stärke, Zellulose, die sich aus langen Molekülketten zusammensetzen.
In den letzten zwanzig Jahren hat sich die chemische Analyse des Lebens auf den sogenannten Zellkern konzentriert, der aus den sogenannten Nukleinsäuren besteht. Es war ein besonders großer Erfolg der modernen biochemischen Forschung, daß man die Träger der Erbsubstanz, die sogenannten Gene, chemisch weitgehend enträtselt hat. Die Gene bestehen aus Riesenmolekülen, in denen sich bestimmte Molekülgruppen, ähnlich wie die Striche und Punkte eines Morsealphabets, in bestimmter Weise wiederholen. Diese Moleküle sind

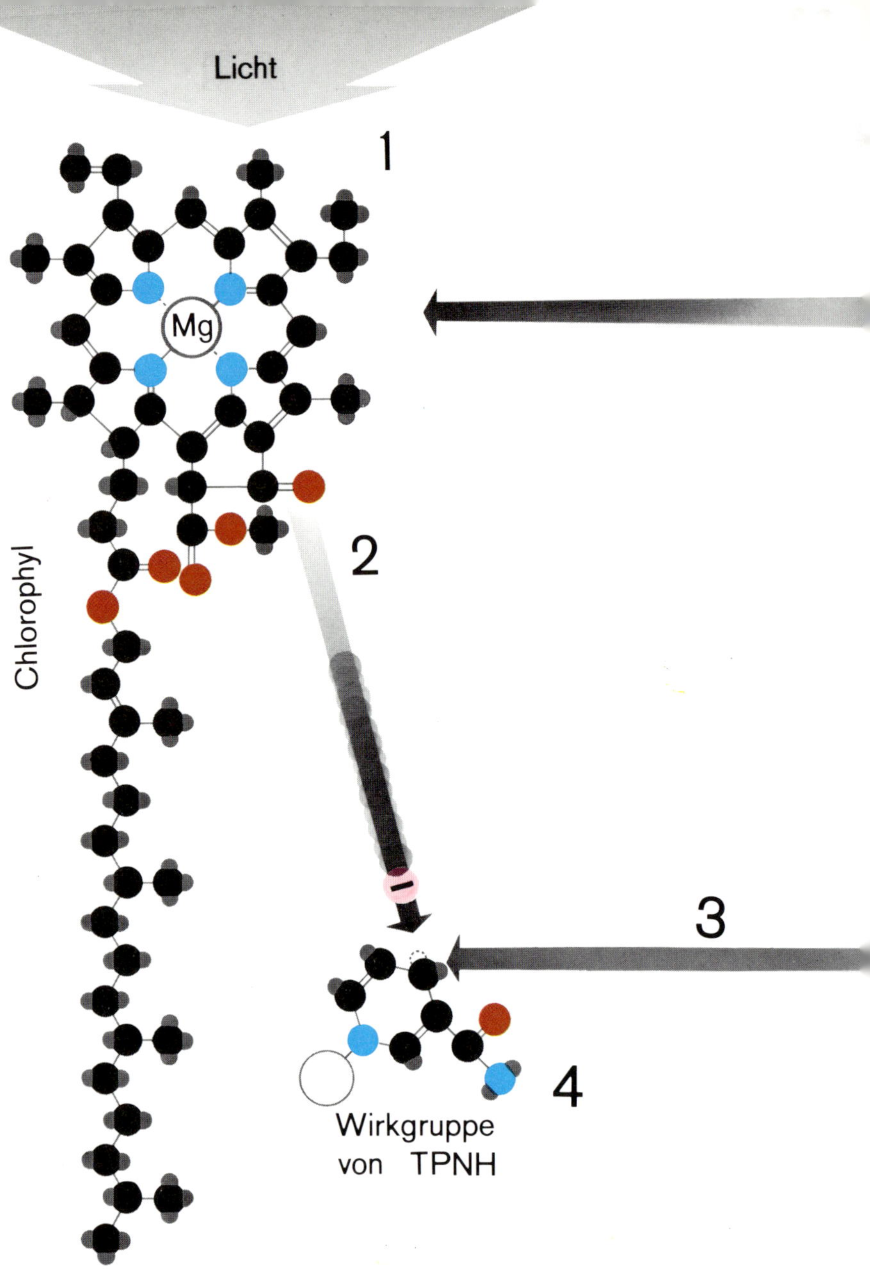

Biochemisches Schema der Photosynthese:
(1) In der Lichtreaktion der Photosynthese bewirkt das vom Chlorophyll absorbierte Licht, (2) daß sich aus dem Molekülverband ein Elektron (rosa Scheibe mit Minuszeichen) ablöst, das die eingestrahlte Energie transportiert. (3) Das Elektron entlädt ein Wasserstoffion (graue Scheibe mit Pluszeichen), das aus der normalen Spaltung des Wassers in H^+ und OH^- stammt (Kreis rechts). (4) Das so gebildete Wasserstoffatom wird von einem spezifischen phosphorhaltigen Molekül, dem Triphosphopyridinnucleotid (TPN), aufgenommen. Die Anlagerung erfolgt an dessen Wirkgruppe, dem Vitamin Nicotinsäureamid, wobei TPNH entsteht. (5) Ein aus der Wasserspaltung verbliebenes OH^--Ion verliert sein Elektron; aus je zwei der dabei entstehenden OH-Radikale bildet sich ein

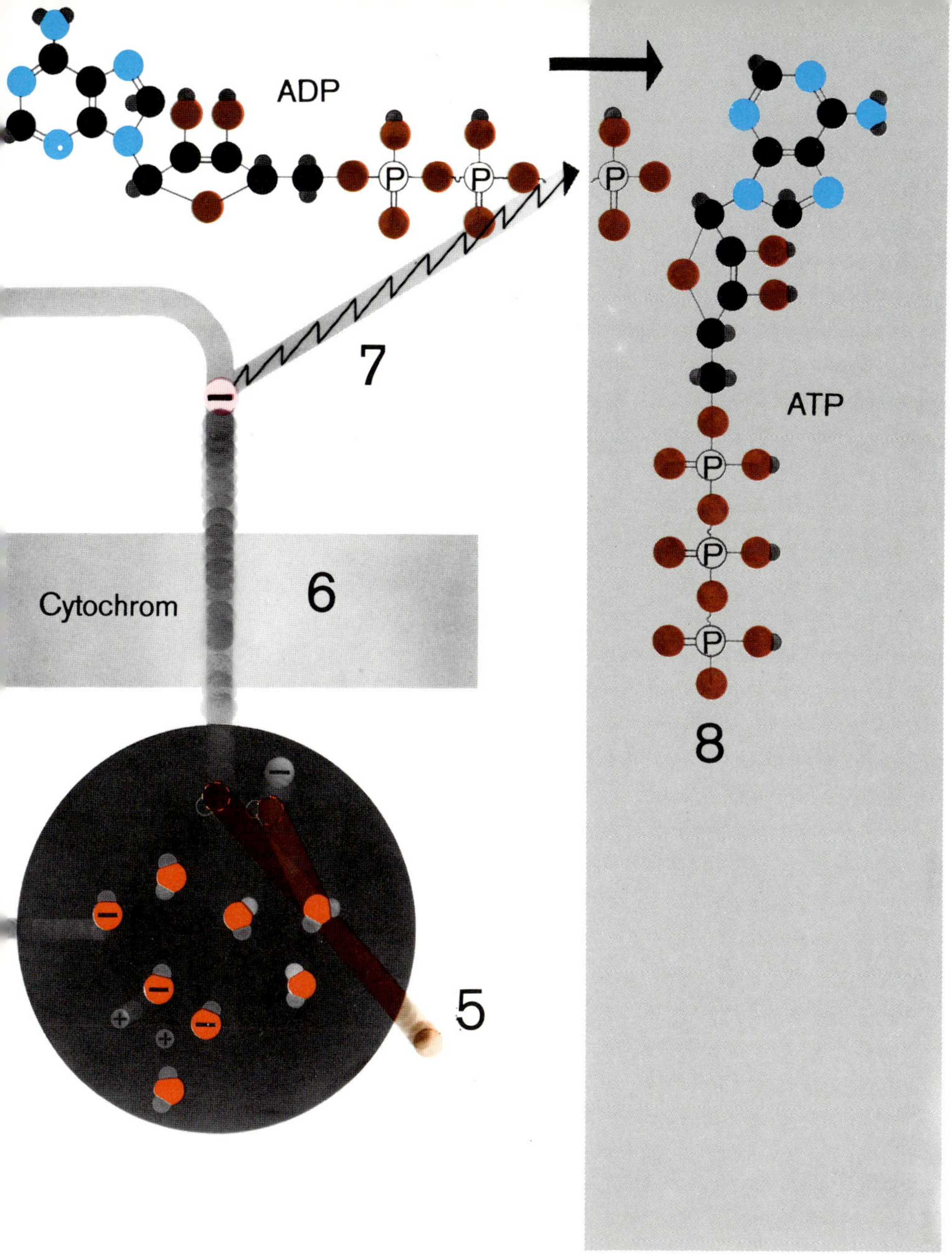

Wassermolekül, wobei außerdem noch ein Sauerstoffatom frei wird. Dieses Atom repräsentiert den bei der Photosynthese freigelegten Sauerstoff. (6) Das abgelöste Elektron wird von dem roten, eisenhaltigen Cytochrom eingefangen und an das Chlorophyll zurückgegeben (links). (7) Die im Elektron noch gespeicherte Lichtenergie wird bei diesem Schritt benutzt, um ein Phosphorsäuremolekül (P) an Adenosindiphosphat (ADP) zum energiereichen Adenosintriphosphat (ATP) zu binden. (8) Die im TPNH und ATP gespeicherte Energie wird nun in der Dunkelreaktion der Photosynthese verwendet, um Kohlendioxyd in energiereiche organische Substanzen, in erster Linie Zucker, umzuwandeln. Das Ergebnis der Lichtreaktion besteht also in der Speicherung der aufgenommenen Lichtenergie in Form von TPNH und ATP sowie der Bildung von Sauerstoff

lange, spiralartig angeordnete Ketten, und zwar in der Form einer Doppelschraube, deren Hälften nach einem bestimmten Muster genau zusammenpassen. Das ist die berühmte DNS – die Desoxyribonukleinsäure. Die Entdeckung dieser Substanz ist eine der bedeutendsten Erkenntnisse der modernen Forschung, denn sie macht uns Wachstum und Fortpflanzung des Lebens verständlich. Wenn sich eine Zelle teilt, trennen sich die zusammenpassenden Hälften der Doppelschraube, und jede der Hälften sucht sich aus der Umwelt jene Molekülgruppen zusammen, die sie wieder zu je einer Doppelschraube ergänzen.

Ein DNS-Molekül ist ein unerhört komplexes Gebilde, und es verdankt seine Entstehung der Existenz eines anderen, genau gleichgebauten DNS-Moleküls, das vor ihm bestanden hat. Wir sind also bei unserer Suche nach dem Ursprung des Lebens noch nicht viel weitergekommen, es sei denn, daß wir jetzt nicht mehr fragen müssen, ob das Ei vor der Henne existiert hat oder die Henne vor dem Ei. Wir müssen jetzt spezifisch fragen, woher kommt das erste DNS-Molekül, denn wenn ein solches Molekül einmal existiert, dann können wir ganz gut verstehen, wie es – sich selbst laufend reproduzierend – die ganze bunte Fülle des heutigen Lebens geschaffen hat.

Proteine, Fette, Stärke, Zucker, Nukleinsäuren – kurz, alle die komplexen organischen Moleküle – bestehen in der Hauptsache aus den Elementen Kohlenstoff, Wasserstoff, Stickstoff und Sauerstoff. Hinzu kommen natürlich noch Elemente wie Phosphor, Schwefel, Kalzium und andere. Die ersten vier genannten Elemente jedoch sind ja gerade jene Stoffe, die vor Urzeiten in der Atmosphäre und im Ozean der Erde vor Milliarden von Jahren in großen Mengen existiert haben.

Die Erde besaß damals einen wohl schon recht ausgedehnten Ozean und eine Atmosphäre, in der sich anfänglich Ammoniak und Methan und später Stickstoff und Kohlendioxyd befunden haben. An dieser Stelle muß man sagen, daß sich der Übergang von der Ammoniak- und Methan-Atmosphäre in eine Kohlendioxyd- und Stickstoff-Atmosphäre keineswegs ruckartig vollzogen hat. Die Übergangsphase hat vielleicht ein bis zwei Milliarden Jahre lang gedauert. Während dieser Zeit waren alle vier Stoffe reichlich in der Atmosphäre vorhanden, und sie haben sich daher auch im Ozean befunden, da diese Gase – außer Methan – wasserlöslich sind. Es befanden sich also in dem Urozean der grauen Vorzeit alle jene chemischen Elemente, aus denen die Lebewesen aufgebaut sind. Wie aber haben sie sich zusammengefunden? Wie aber haben sie sich zu jenen ungeheuer komplexen Molekülen organisiert, welche die größeren Bausteine der Lebewesen bilden? Welche Antwort hat man gefunden? Wenn man einen Becher Wasser, in dem reichlich Kohlendioxyd, Stickstoff, ebenso wie Ammoniak gelöst sind, sich selbst überläßt, so kann man allerdings nicht erwarten, daß daraus etwa ein DNS-Molekül entstünde. Um diese an sich stabilen Lösungen zu neuen chemischen Reaktionen zu veranlassen, bedarf es eines Energiestoßes, wie etwa einer elektrischen Entladung, eines Blitzes, der in das Wasser schlägt. Oder es bedarf dazu einer energiereichen Strahlung, wie etwa der radioaktiven Elemente oder der Höhenstrahlung. Alle diese Kräfte jedoch waren damals schon auf der Erde wirksam, und wir kommen jetzt zu einer Reihe von hervorragenden Experimenten, die man auf diesem Gebiet gemacht hat. Im Jahre 1951 hat der amerikanische Biochemiker *Calvin* eine Mischung von Wasser, Kohlendioxyd und Wasserstoff einer energiereichen Strahlung ausgesetzt, und er erhielt als Resultat einige typische organische Säuren. Ein Jahr später behandelte *Stanley Miller,* ein Schüler des Nobelpreisträgers *Harold Urey,* eine Mischung von Ammoniak, Methan und Wasserstoff in Wasser mit einer energiereichen elektrischen Entladung. Nach einer Woche waren in dieser Lösung die beiden einfachsten Aminosäuren, Glyzin und Alanin, entstanden.

Hier müssen wir uns noch etwas mit Chemie befassen. Essigsäure und Glyzin sind die beiden Materialien, aus denen das Leben den sogenannten Porphyrinring aufbaut. An dieser Stelle soll nur angemerkt sein, daß das Chlorophyll, das Blattgrün, von dem wir später noch sprechen müssen, ein Porphyrin ist.

Es ist also durchaus möglich und sogar sehr wahrscheinlich, daß im Urozean als Folge von Blitzschlägen in das Wasser und von Bestrahlungen durch Höhenstrahlung und Radioaktivität der Erdkruste organische Moleküle in großer Zahl entstanden sind. Irgendwann einmal hat sich vielleicht auch unter den Milliarden von Möglichkeiten ein Molekül befunden, das – wie das DNS-Molekül – die Fähigkeit besaß, sich selbst zu reproduzieren. Das war der Beginn des Lebens. Der Ozean muß damals eine dicke Suppe von organischen Molekülen aller Art gewesen sein, denn ohne Bakterien – die ja damals noch nicht existierten – werden diese ja nicht zersetzt. So hat das erste DNS-Molekül ausreichend Material vorgefunden, das es zu seiner unentwegten Fortpflanzung benutzen konnte. Wir wissen nicht, wie lange das gedauert hat. Aber in relativ kurzer Zeit hatte das junge Leben vermutlich die gesamte organische Materie des Ozeans an sich gerissen und in seine Organisation eingebaut.

An dieser Stelle erlebte das junge Leben auf der Erde vermutlich seine erste Krise. Es war am Verhungern, da nur noch wenig neue Nahrung produziert wurde; denn es konnte neues organisches Material ja nur durch die Einwirkung von elektrischen Entladungen und von energiereicher Strahlung entstehen. Irgendwann in dieser Phase muß sich dann jene zweite große Erfindung des jungen Lebens ereignet haben: die Photosynthese mit Hilfe des Chlorophylls. Das Chlorophyll, der grüne Farbstoff in den Pflanzen, ist imstande, mit Hilfe von Sonnenlicht organische Stoffe gezielt aufzubauen. Die zufällige Entstehung des ersten DNS-Moleküls wäre umsonst gewesen ohne die vermutlich ebenfalls zufällige Entstehung des ersten Chlorophyll-Moleküls. Die Bestandteile des Chlorophylls, nämlich Essigsäure und die Aminosäure Glyzin, sind im Urozean vermutlich recht häufig gewesen, da sie ja in den Experimenten, die wir zuvor beschrieben haben, bevorzugt aufgetreten sind.

Wenn wir erst einmal ein DNS- und ein Chlorophyll-Molekül haben, dann läßt sich die weitere Entwicklung des Lebens vorstellen. Chlorophyll benutzt Wasser und Kohlendioxyd und spaltet diese mit der Energie des Sonnenlichtes in seine Bestandteile Kohlenstoff, Wasserstoff und Sauerstoff und stellt daraus die Fülle der Lebensbausteine her: Zucker, Stärke, Fette und – unter Hinzuziehung von Stickstoff und Phosphor – Aminosäuren und Nukleinsäuren. Das DNS-Molekül dagegen sichert die unaufhaltsame Vermehrung des Lebens.

Jeder, der einmal ein organisch-chemisches Laboratorium besucht hat, war bestimmt beeindruckt von den unerhört komplizierten und langwierigen Prozessen, die erforderlich sind, um auch nur ein einfaches organisches Molekül künstlich herzustellen. Kann man denn wirklich annehmen, daß diese unerhört komplexen Bausteine irgendwann einmal zufällig entstanden sind? Man möchte dazu zunächst nein sagen, indessen dürfen wir nicht vergessen, daß sich die Natur dafür auch unerhört viel Zeit gelassen hat. In dem Rezept des Lebens war die Zeit bestimmt die wichtigste Zutat. Wenn wir heute die Geschichte der Erde überblicken, so haben für die Entstehung des ersten DNS- und des ersten Chlorophyll-Moleküls vielleicht mehr als zwei Milliarden Jahre zur Verfügung gestanden; das ist viermal so lange wie das Alter der ältesten Fossilien.

Wir haben vorhin nur beiläufig erwähnt, wie das Chlorophyll-Molekül arbeitet. In dem Prozeß der sogenannten Photosynthese zerlegt die Pflanze das aus der Luft oder aus dem Wasser entnommene Kohlendioxyd, benutzt den Kohlenstoff zum Aufbau seines Körpers und entläßt den überflüssigen Sauerstoff in die Atmosphäre. Wir wissen nicht, wie viele Millionen Jahre es gedauert hat; aber die fleißigen Pflanzen haben es schließlich dann doch fertiggebracht, fast das gesamte Kohlendioxyd der damaligen Erdatmosphäre zu beseitigen und den Sauerstoff bis auf 20 Prozent Anteil der heutigen Luft anzureichern. Lange

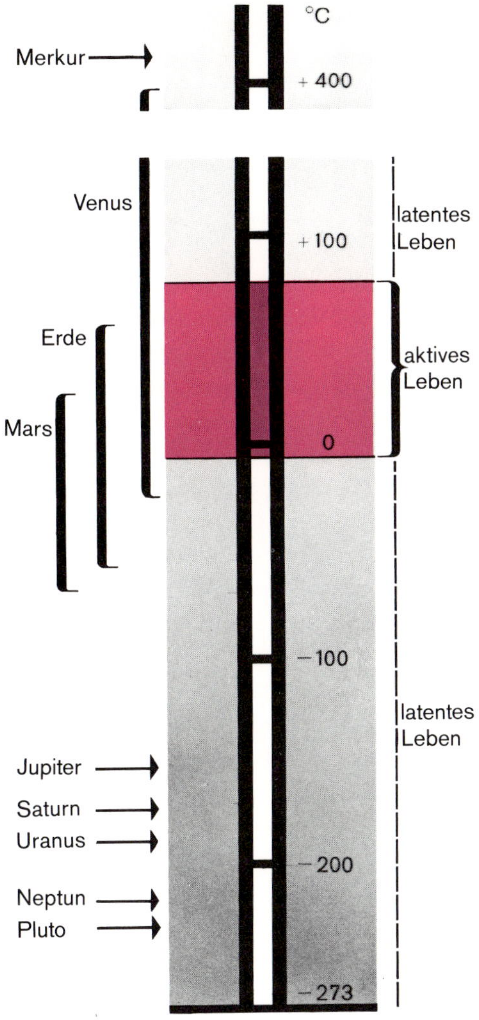

Die auf den Planeten unseres Sonnensystems herrschenden Temperaturen sind hier in Beziehung gesetzt zu den Bereichen des latenten (Hitze und Kälte) und des aktiven Lebens. Nur die Planeten Erde, Mars und Venus (letztere nur mit einzelnen Schichten ihrer Atmosphäre) liegen im Bereich des aktiven Lebens

Zeit nach der ersten Pflanze entstanden dann schließlich Tiere, die diesen Sauerstoff der Luft atmen und ihn dazu benutzen, den Motor ihrer Lebensvorgänge zu betreiben.

Ohne das Leben kann die Entwicklungsgeschichte unserer Atmosphäre nicht vollständig beschrieben werden. Das Leben und die phantastische Geschichte seiner Entstehung haben die Erde zu dem Planeten gemacht, den wir heute kennen.

Nachdem wir die Entstehung des Lebens auf unserem eigenen Planeten besprochen haben, können wir natürlich nicht der Frage nach der möglichen Existenz des Lebens auf anderen Planeten ausweichen. Es ist nicht sehr wahrscheinlich, ja – man kann sogar mit Sicherheit ausschließen – daß sich, mit der möglichen Ausnahme des Planeten Mars, Leben auf anderen Planeten in unseren Sonnensystemen befindet. Die Planeten Merkur und Venus sind viel zu heiß, und die Planeten Jupiter, Saturn, Uranus, Neptun und Pluto sind viel zu kalt. Unter diesen Bedingungen kann sich das Leben nicht entwickeln. Die delikaten, hochkomplizierten Moleküle, aus denen die Körper der Lebewesen bestehen, sind außerordentlich temperaturempfindlich. Selbst bei geringen Temperatursteigerungen zerfallen diese organischen Moleküle; bei niedrigen Temperaturen, die wesentlich unter dem Gefrierpunkt des Wassers liegen, nimmt ihre Reaktionsfähigkeit so stark ab, daß Lebensprozesse zum Stillstand kommen.

Eine gewisse Zeit lang hat man vermutet, daß vielleicht der Planet Venus, der ja der Erde an Größe fast gleich ist, ebenfalls die Wohnstätte eines reichen Lebens sein könne. Diese Erwartungen oder Hoffnungen – möchte man beinahe sagen – sind jedoch vor kurzem durch ein brillantes Experiment der jungen Weltraumfahrt zunichte geworden. Im Dezember 1962 ist der amerikanische Instrumententräger *Mariner II* dicht an der Venus vorbeigeflogen und hat dabei sehr verläßliche Temperaturmessungen durchgeführt und die Resultate zur Erde zurückgefunkt. Demnach herrschen auf der Oberfläche der Venus Temperaturen von über 400 Grad Celsius, und man muß daher den unausweichlichen Schluß ziehen, daß die Venus keinesfalls Träger von Lebensformen, wie wir sie von der Erde her kennen, sein kann. Auf Grund dessen, was wir zuvor über den chemischen Einfluß des Lebens auf die Gestaltung einer Planetenatmosphäre gesagt haben, konnten wir dies auch gar nicht erwarten. Die Atmosphäre der Venus enthält keinen freien Sauerstoff, der ja auf unserer Erde von den Pflanzen erzeugt und dauernd erhalten wird. Unsere Schwesterwelt Venus besitzt immer noch eine Atmosphäre, in der sich große Mengen Kohlendioxyd befinden, und wir haben vorhin gesehen, daß es dem Wirken der Pflanzenwelt zu verdanken ist, daß die Erde heute fast kein Kohlendioxyd mehr in ihrer Atmosphäre besitzt.

Auf dem Planeten Mars beobachtet man große Flächen, deren Färbung im Rhythmus der Jahreszeiten schwankt, wobei im Frühling und Sommer auffallende Grüntöne auftreten. Man hat diese Schwankungen auf den Jahresrhythmus einer primitiven Vegetation zurückgeführt. Allerdings gibt uns die mögliche Existenz des Lebens auf dem Planeten Mars noch sehr große Rätsel auf, denn die Entstehung des Lebens erfordert – zumindest vorübergehend für den Zeitraum von einigen hundert Millionen Jahren – die Existenz eines Weltmee-

Der amerikanische Instrumententräger »Mariner II«, der im Dezember 1962 nahe an dem Planeten Venus vorbeiflog und die vermuteten hohen Temperaturen (über 400 Grad) auf der Venusoberfläche bestätigte. Dadurch schied Venus als möglicher Träger von Lebensformen aus

res. Es ist recht unwahrscheinlich, daß der Mars jemals ein solches Weltmeer besessen hat, und aus diesem Grunde könnte man die Existenz von Leben auf dem Mars nur sehr schwer verstehen. Auf der anderen Seite ist es durchaus möglich, daß Lebenskeime durch den Lichtdruck der Sonne von der Erde zum Mars befördert worden sind, so daß das irdische Leben den Mars gewissermaßen befruchtet hat.

Diese Fragen sind vom wissenschaftlichen und auch vom philosophischen Standpunkt aus außerordentlich interessant. Aus diesem Grunde erwarten wir alle die ersten Ergebnisse eines Besuches auf dem Mars mit den Mitteln der Weltraumfahrt in allergrößter Spannung.

Wenn wir jedoch das Weltall als Ganzes betrachten, so sind unserer Phantasie keine Grenzen gesetzt. Die Natur ist so ungeheuer reich, daß in den Tiefen des Alls bestimmt viele Millionen von erdähnlichen Planeten existieren, auf denen das Leben sich als das universale Phänomen, das es zweifellos ist, entfaltet hat.

7_Die Entwicklung des Klimas

Wir haben bisher die Entstehung unseres Planeten, den Ursprung der Ozeane und der Atmosphäre und auch die Entwicklung des Lebens behandelt. Wir haben dabei jedoch nie einen Begriff erwähnt, der nicht nur die Bedingungen auf der Oberfläche unseres Planeten charakterisiert, sondern auch für das Leben, für seine Entwicklung und für uns Menschen ganz persönlich außerordentlich wichtig ist: das sogenannte Klima.

Der Begriff Klima ist nicht ganz leicht zu definieren. Unter Klima versteht man im wesentlichen die Summe aller Umweltfaktoren des Lebens, wie etwa in erster Linie Temperatur, Luftfeuchtigkeit und Wind. In einem gewissen Sinne gibt es auch im Wasser ein Klima, und dort sind die Faktoren ebenfalls wieder Temperatur und Strömungsverhältnisse. Auch kann man die chemische Zusammensetzung der Umwelt des Lebens in einem gewissen Sinne als Klimafaktoren bezeichnen. Weiterhin muß man die verschiedenen Strahlungsgattungen bedenken, wie etwa die verschiedenen Strahlenarten der Sonne: Wärmestrahlen, das sichtbare Licht und die ultraviolette Strahlung. Man spricht daher sogar unmittelbar von einem Strahlungsklima. Dazu gehören auch die energiereichen Strahlen, wie sie von radioaktiven Elementen in der Erdkruste abgegeben werden; hinzu kommt noch die kosmische Strahlung, die – aus dem Weltall stammend – alle Lebewesen dauernd, wenn auch sehr schwach, bestrahlt. Alle diese Faktoren zusammen bilden in ihrer Zusammenwirkung und Wechselwirkung das, was man Klima nennt, und wir Menschen fühlen es am

Erde und Sonne im Weltraum vor einigen Milliarden Jahren,
als unser Planet vermutlich noch mit einer dicken Wolkenhülle bedeckt war

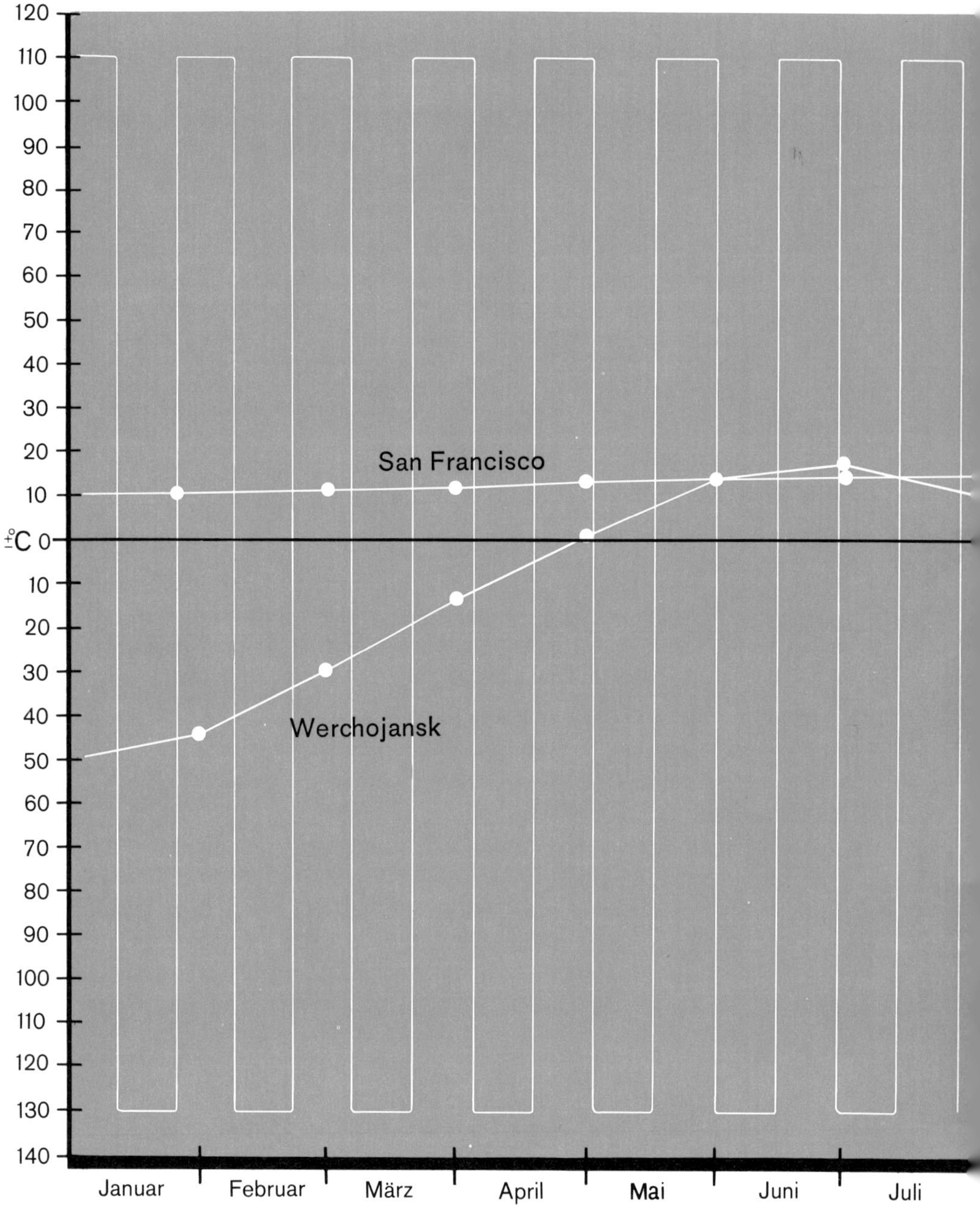

120
110
100
90
80
70
60
50
40
30
20
10
±°C 0
10
20
30
40
50
60
70
80
90
100
110
120
130
140
San Francisco
Werchojansk
Januar
Februar
März
April
Mai
Juni
Juli

Während die Temperatur
auf der Mondoberfläche
in stetem Rhythmus
mit der Sonnenstrahlung
von Mondtag zu Mondnacht
zwischen den Extremen
von etwa +110°
und −130° schwankt,
zeigt selbst eine
kontinentale Station
auf der Erde (Werchojansk)
nur geringe Temperatur-
schwankungen im Laufe
der Jahreszeiten.
Eine maritime Station
(San Francisco) dagegen
besitzt eine hochgradige
Temperaturkonstanz

eigenen Leibe, wie groß die Bedeutung des Klimas für das Leben ist. Während der langen Geschichte der Erde, die auf über 5 Milliarden Jahre geschätzt werden muß, hat sich das Klima des Planeten natürlich vielfach gewandelt. Wir brauchen noch nicht einmal so weit in die Vergangenheit zurückzugehen, um einen Zeitraum zu erfassen, während dessen Dauer sich erhebliche Klimaveränderungen ereignet haben müssen. Das Alter des Lebens auf der Erde wird auf über 1 Milliarde Jahre und sogar noch wesentlich darüber geschätzt, und zahlreiche Relikte aus der Vergangenheit des Lebens weisen darauf hin, daß sich auch während dieser Zeit sehr erhebliche Klimaänderungen ereignet haben müssen. Denken wir nur einmal an die großen Lagerstätten von Kohle auf der Antarktis, die ein unmittelbarer Beweis dafür sind, daß der sechste Kontinent, der heute von einem dicken Eispanzer bedeckt ist, in grauer Vorzeit einmal blühende Wälder getragen haben muß. Denken wir andererseits an die Eiszeiten, die sich erst in der jüngsten Vergangenheit der Erdgeschichte ereignet haben und die der Mensch selbst auch noch erlebt hat. Man hat in Sibirien tiefgefrorene, kürzlich aufgetaute Mammutkadaver gefunden, die vollständig, auch mit ihren Weichteilen, erhalten waren. Wir wollen nun etwas über die Entwicklung des Klimas in geologischer Zeit erfahren, das heißt über die sogenannte Paläoklimatologie.

Der wichtigste Klimafaktor ist zweifellos die Temperatur. Wir haben ja schon in der Schule gelernt, daß es auf der Erde drei hauptsächliche Klimazonen gibt: die tropische Zone, die gemäßigte Zone und die arktische Zone. Diese drei Zonen sind primär durch ihre Temperatur gekennzeichnet, und wenn wir als Bewohner des gemäßigten Klimas von den Tropen und von den Polargebieten sprechen, dann denken wir sofort an die hohen bzw. die tiefen Temperaturen, die dort herrschen. Diese Temperaturunterschiede werden natürlich – wie wir wissen – durch die unterschiedliche Sonnenbestrahlung erzeugt, welche diese Zonen erhalten. Trotzdem sind die Temperaturdifferenzen zwischen der Tropenzone und den Polargebieten erstaunlich gering, da sie im Schnitt nur etwa 50 Grad Celsius betragen und maximal 100 Grad selten überschreiten. Wenn wir die extremen Temperaturen, die an den Polen während der Polarnacht herrschen, unberücksichtigt lassen, so sind die Temperaturdifferenzen über einen großen Bereich der gesamten Erdoberfläche noch viel kleiner, und sie betragen knapp 30 Grad.

Vergleichen wir damit die Temperatur der Mondoberfläche. Während des Tages, im vollen Sonnenlicht, steigt die Temperatur der Mondoberfläche auf über 100 Grad Celsius, und am Ende der vierzehntägigen Nacht ist die Temperatur bis auf minus 130 Grad abgesunken. Obwohl der Mond im Schnitt ebensoweit von der Sonne entfernt ist wie die Erde, schwankt bei ihm die Temperatur in viel größerem Maße als bei uns. Woher kommt das eigentlich? Die Differenz wird natürlich erzeugt durch die Tatsache, daß die Erde ein Weltmeer und eine Atmosphäre besitzt. Beide sind dauernd in Bewegung und verteilen dadurch die Sonnenenergie relativ gleichmäßig über die ganze Erdkugel. Hinzu kommt, daß das Meer mit seinen gewaltigen Wassermassen einen idealen Wärmepuffer darstellt, da das Wasser eine sehr große Wärmekapazität besitzt. Das Meer, das sowieso über 70 Prozent der Erdoberfläche bedeckt, saugt die Sonnenenergie wie ein Schwamm auf, und wegen seiner großen Wärmekapazität heizt es sich dabei nur sehr wenig auf. Umgekehrt, während der Nacht und während des Winters, gibt das Meer die angesammelte Wärme sehr langsam ab, und dadurch kommt es, daß die Temperatur des Meerwassers sich von Tag zu Tag und von Jahr zu Jahr an einer bestimmten Stelle nur um wenige Grade ändert. Die temperaturausgleichende Wirkung des Meeres kennen wir ja von dem Unterschied des maritimen und des kontinentalen Klimas. Küstennahe Gebiete haben kühle Sommer und warme Winter, während die Zonen im Innern der großen Kontinente, fern von der dämpfenden Wirkung des Meeres, sehr heiße Sommer und sehr kalte Winter aufweisen. Da alle Lebewesen einschließlich des Menschen sehr empfindlich auf Temperaturschwankungen reagieren, ist die Existenz des Meeres auf unserer Erde auch hinsichtlich des Klimas für das Leben auf unserem Planeten von allergrößter Wichtigkeit. Auch die Atmosphäre sorgt mit ihrer dauernden Zirkulation dafür, daß die Sonnenenergie recht gleichmäßig über die ganze Erde verteilt wird.

Diese Gesichtspunkte müssen wir im Auge behalten, wenn wir uns jetzt anschicken, auch das Klima vergangener Zeiten zu betrachten. Wenn wir nun die Paläoklimatologie diskutieren wollen, so können wir zwei Wege gehen: Wir könnten zum Beispiel zunächst einmal die geologischen und fossilen Beweisstücke aufzählen, die auf bestimmte Klimaänderungen, die sich in der Vergangenheit ereignet haben müssen, hinweisen, und wir könnten dann einen Versuch machen, das Entstehen und den Wechsel dieser Klimata zu erklären. Wir können aber auch einen anderen Weg gehen und die modernen Theorien der Erdentstehung und der Erdentwicklung vorwegnehmen und uns Schritt für Schritt Rechenschaft darüber ablegen, wie sich das Klima dementsprechend gewandelt haben muß.

Wir wollen den zweiten Weg wählen. Wir tun dies vor allen Dingen deswegen, weil in den letzten Jahren eine überaus attraktive und revolutionäre Hypothese

Diese Fossilien wurden in der oberen Hälfte des Mt. Glossopteris (Antarktis) in Sandsteinschiefer und Kohleschichten der sogenannten Beaconserie gefunden, die sich über Tausende von Kilometern auf den dem Ross-Meer entlang liegenden Bergketten verfolgen lassen

über die Entwicklung unseres Planeten aufgestellt worden ist, über die wir im dritten Kapitel schon ausführlich berichtet haben. Es ist dies die Hypothese von der Expansion der Erde, die dazu geführt hat, daß wir unsere Vorstellungen nicht nur über die geologische Entwicklung unseres Planeten weitestgehend revidieren müssen, sondern auch unsere Vorstellungen über die Entwicklung des Klimas in geologischer Zeit.

In den dreißiger Jahren hat der englische Physiker und Nobelpreisträger *Dirac* die Hypothese aufgestellt, daß sich die Schwerkraft, das heißt also die allgemeine Massenanziehung im Weltall, im Laufe der Geschichte des Universums

langsam und dauernd verringert hat und sich heute noch verringert. Eine Reihe von führenden Wissenschaftlern hat diese Hypothese aufgegriffen, um neue Gesichtspunkte für die Entwicklung der Sonne, des Sonnensystems und vor allen Dingen der Erde zu gewinnen. In einem vorangegangenen Kapitel haben wir geschildert, daß sich vermutlich auf Grund dieser Hypothese der Durchmesser der Erde, seit ihrer Geburt vor 5 bis 6 Milliarden Jahren, langsam vergrößert und bis heute nahezu verdoppelt hat. Da die Änderung der Erdgröße unmittelbar auf die Temperatur und das Klima keinen Einfluß hat, brauchen wir über diese zwar hochinteressante Expansion der Erde hier nichts weiter zu sagen. Die Abnahme der Schwerkraft muß jedoch auf eine andere Weise das Klima in der frühen Vergangenheit der Erde entscheidend beeinflußt haben.
Das gleiche Gesetz galt ja auch für den Sonnenball, der – ebenso wie die Erde – in grauer Vorzeit kleiner gewesen sein muß, da die größere Schwerkraft auch ihn erheblich mehr als heute zusammengepreßt haben wird. Wir wissen heute über die Energieproduktion im Innern der Sterne relativ gut Bescheid, und man weiß, daß ein Stern um so mehr Energie abstrahlt, je größer Druck und Temperatur in seinem Innern sind. Wenn also die Hypothese von der Abnahme der Schwerkraft stichhaltig ist, dann muß die Sonne vor 3, 4 oder 5 Milliarden Jahren wesentlich heller gewesen sein als heute. Hinzu kommt noch, daß die größere Schwerkraft der Vorzeit dazu geführt haben muß, daß die Planeten, und damit auch die Erde, in wesentlich geringerer Entfernung die Sonne umkreisten, was wiederum eine weitere Steigerung der Sonnenstrahlung, die die Erde in grauer Vorzeit traf, bewirkte.
Unsere Überlegungen über das Klima in geologischer Vergangenheit wollen wir daher zunächst einmal damit beginnen, daß wir uns eine wichtige Frage vorlegen: Wie muß das Klima beschaffen gewesen sein, unter den Bedingungen der wesentlich stärkeren Sonnenstrahlung, die vermutlich einst geherrscht hat? Für einen Weltkörper wie den Mond ist diese Frage sehr leicht zu beantworten. Da er keinen Ozean und keine Atmosphäre besitzt, können wir sofort sagen, daß die Temperatur seiner Oberfläche während des Tages wesentlich höher gewesen sein muß als heute. Bei der Erde jedoch war es anders. Die viel stärkere Sonnenstrahlung der damaligen Zeit hat einfach dazu geführt, daß im Vergleich zu heute ein viel größerer Teil des Meerwassers in der Form von Wasserdampf in der Atmosphäre schwebte.
In jener Zeit also, in der die Erde unter einer wesentlich stärkeren Sonnenbestrahlung stand, war der Planet vermutlich von Pol zu Pol mit einer außerordentlich dichten Wolkendecke überzogen. Diese Wolkendecke war so dick, daß

am Erdboden bestenfalls ein mattes Dämmerlicht geherrscht haben kann. Diese Wolkendecke hat gleichzeitig einen großen Teil der Sonnenstrahlung abgewehrt und in das Weltall zurückgeworfen. Jeder, der schon einmal in einem Flugzeug über eine geschlossene Wolkendecke flog, hat feststellen können, daß die Oberfläche der Wolkendecke blendend hell ist. Diese dicke, geschlossene Wolkendecke hat die junge Erde vermutlich davor bewahrt, daß extrem hohe Temperaturen auf ihrer Oberfläche entstanden sind, obwohl die Sonnenstrahlung ein Vielfaches des heutigen Wertes betrug.

Die Erde lag also damals für eine lange Zeit – vielleicht für ein bis drei Milliarden Jahre – unter einem dichten Wolkenmantel, der überraschenderweise am Erdboden zu einer heute nicht mehr vorhandenen Gleichmäßigkeit der Temperatur geführt hat. Man kann diese Temperatur rechnerisch abschätzen: Sie hat etwa zwischen 10 und 40 Grad Celsius betragen, und zwar fast gleichmäßig von Pol zu Pol.

In den letzten Teil dieser Phase, in der diese ungewöhnlichen klimatischen Bedingungen herrschten, fällt vermutlich die Entstehung des Lebens. Damals ist dann natürlich auch das Chlorophyll, das Blattgrün, entstanden. Das Chlorophyll ist ja imstande, unter Benutzung von Lichtenergie Kohlendioxyd und Wasser zu spalten und aus den Bestandteilen organisches Material aufzubauen, aus dem der Pflanzenkörper besteht. Die Wissenschaftler, die sich der Erforschung dieses Prozesses gewidmet haben, waren immer schon erstaunt darüber, in welchem Umfang die Pflanzen imstande sind, selbst geringste Lichtmengen diesem Prozeß dienstbar zu machen. Die Photosynthese funktioniert auch im Dämmerlicht.

Etwa zu jener Zeit war nach der Hypothese der Expansion der Erde unser Planet schon so groß geworden, daß die Kontinentalschollen begannen, aus dem Meer herauszuragen. Praktisch zur gleichen Zeit – so kann man sagen – eroberte das Leben das Land. Wir wissen nicht, wie viele Hunderte von Millionen Jahren verstrichen sind, seit die Erde sich in jenem Zustand befand, der von dem heutigen so sehr verschieden ist: ein gleichmäßiges, feuchttropisches Klima in ewiger Dämmerung unter einer dichten Wolkendecke. Auch heute noch sind Dschungelpflanzen, die mit den altertümlichen Gewächsen aus grauer Vorzeit noch am nächsten verwandt sind, Dämmerungspflanzen. Greller Sonnenschein ist für sie unerträglich, und sie gedeihen am besten im Schatten.

Das war die Zeit, in der alle Kontinente der Erde jahrmillionenlang von Pol zu Pol vermutlich von einem dichten, tropischen Dschungel bedeckt waren.

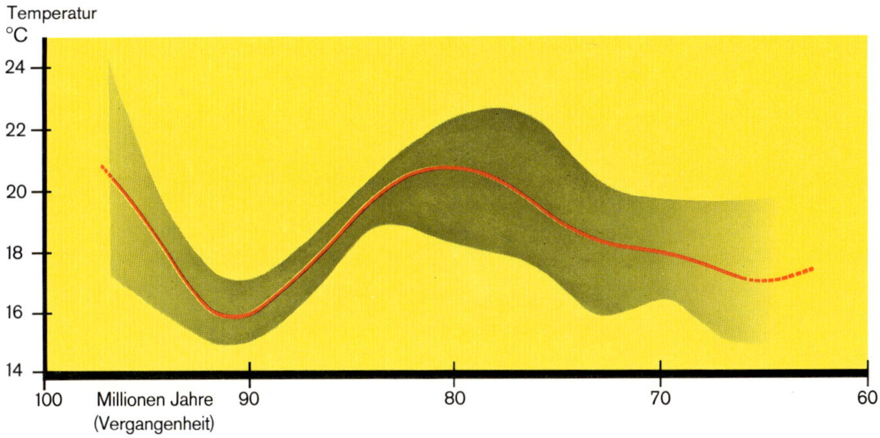

Temperaturschwankungen während des Zeitraumes zwischen 100 und 65 Millionen Jahren vor der Jetztzeit. Diese mittleren Temperaturen wurden dadurch ermittelt, daß der Stoffwechsel von Muscheln und Schnecken die verschiedenen Sauerstoffisotope bei schwankender Temperatur in unterschiedlicher Weise assimiliert

Diese Überlegungen geben uns somit eine Erklärung für die gewaltigen Kohlenflöze auf der Antarktis und die fossilen Palmenarten im hohen Norden, wie beispielsweise auf Spitzbergen. Das Vorkommen tropischer fossiler Pflanzen in den heute arktischen Gebieten hat den Paläoklimatologen immer schon viel Kopfzerbrechen gemacht. Sie waren der Grund für eine Reihe von gewagten Hypothesen, daß sich im Laufe der Erdgeschichte vielleicht die Pole mehrfach sehr stark verschoben und die Antarktis und Spitzbergen vielleicht einmal in den Tropenzonen gelegen hätten. Die elegante Hypothese von der Expansion der Erde macht solche Annahmen unnötig.
Auf der anderen Seite hat man gegen ein weltweites tropisches Klima eingewendet, daß entlang der heutigen Äquatorzone in der Frühzeit gewaltige Vereisungen stattgefunden haben müssen. Diese haben sich längs des ganzen Äquators um die Erde herum erstreckt. Selbst wenn man eine Wanderung der Pole akzeptieren würde, so könnten diese Vereisungen ja nur an zwei diametral einander gegenüberliegenden Stellen der Äquatorzonen aufgetreten sein, und zwar an den Stellen, wo die Pole damals gelegen hätten.

Der deutsche Physiker *Pascual Jordan,* einer der überzeugtesten Vertreter der Expansionstheorie, hat für die uralten Vereisungen der Äquatorzone eine sehr einleuchtende Erklärung vorgeschlagen. In jener Zeit, als die Erde von einer dichten Wolkendecke bedeckt war und als Ganzes ein feucht-tropisches Klima besessen hat, müssen fast ununterbrochen gewaltige Regenfälle vorgekommen sein. Die Gewalt der Stürme und Gewitter muß in der Äquatorzone – so wie auch heute noch – am größten gewesen sein. An den Stellen jedoch, wo die größte atmosphärische Turbulenz herrscht, tritt auch eine Wettererscheinung ganz besonders häufig und stark auf, nämlich der Hagel. Wir alle wissen, daß die stärksten Sommergewitter die Quelle besonders großer Hagelfälle sind. Es kann also durchaus sein, daß es in jener Zeit in der Äquatorzone so ausdauernd und ausgiebig gehagelt hat, daß der Hagel zu einer Vergletscherung geführt hat – einer Vergletscherung, die demnach die ganze Äquatorzone umfaßt haben mußte.

Langsam, außerordentlich langsam, im Maße der Verringerung der Schwerkraft, dehnte sich die Sonne aus, und ihre Strahlung verminderte sich. Gleichzeitig entfernte sich die Erde von der Sonne, da sie ja immer weniger von ihr angezogen wurde. Beides führte dazu, daß die Bestrahlung der Erde durch die Sonne kleiner und kleiner wurde. Die kühle Atmosphäre konnte nicht mehr jene gewaltigen Mengen von Wasserdampf halten, die für Jahrmillionen lang eine dichte Wolkendecke gebildet haben. Lange Zeit ist mehr Wasser herabgeregnet, als in gleichen Zeiträumen verdunstete, und langsam nahm der Wassergehalt der Luft ab. Die Wolkendecke wurde dünner, langsam wurde es heller, und dann kam schließlich einmal jener Tag, an dem die Sonne zum erstenmal durch die Wolken brach. Dieser Tag liegt vielleicht 500 Millionen Jahre oder mehr in der Vergangenheit, und seit jener Zeit etwa haben sich die Bedingungen auf der Erde und ihr Klima nur wenig geändert. Damals hatte das Leben bereits weitestgehend von der Erde Besitz ergriffen, und wenn wir uns heute mit einer Zeitmaschine in jene Zeit vor 400 bis 500 Millionen Jahren zurückversetzen würden, so könnten wir mit dem ersten Eindruck keinen großen Unterschied feststellen zwischen dem Klima damals und heute.

An jenem Tage, als sich die dichte Wolkendecke der Urerde zum ersten Mal lichtete, hat unser Planet auch seine Farbe gewechselt. Solange noch die Wolkendecke dicht und lückenlos war, erschien die Erde vom Weltenraum aus gesehen weiß, da die Wolken das Sonnenlicht reflektieren. Als die Wolkendecke dünner und dünner wurde, wurde die Erde bläulicher und bläulicher. Schließlich wurde sie mit der weiteren Aufklarung der Atmosphäre und der frei wer-

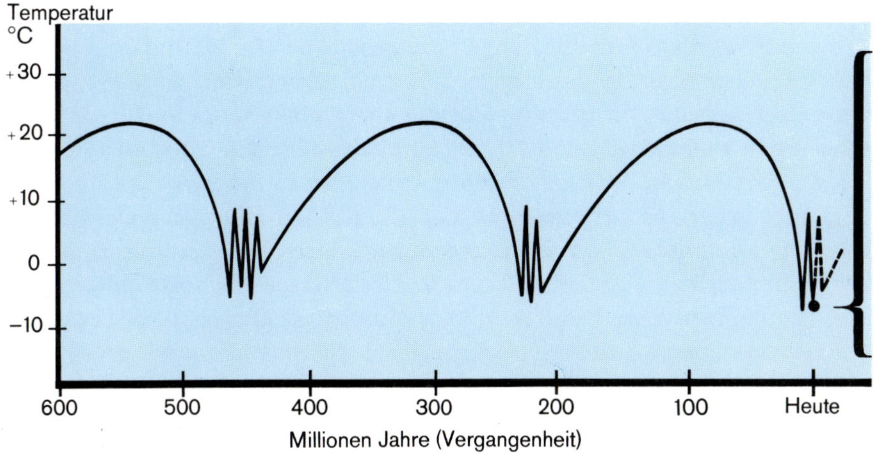

Vermutlicher Verlauf der mittleren Oberflächentemperatur der Erde mit entsprechenden Perioden der Vereisung während der letzten 600 Millionen Jahre

denden Sicht auf das Weltmeer zu unserem blauen Planeten, der sie heute ist. Selbstverständlich hat es in der langen Geschichte der Erde Perioden gegeben, in denen die mittlere Jahrestemperatur einmal höher oder ein anderes Mal niedriger gewesen ist. Diese Schwankungen waren allerdings immer so klein, daß sie die Existenz des Lebens auf der Erde nie gefährdet haben. Vor kurzem haben amerikanische Wissenschaftler einen eleganten Nachweis geführt, daß die Temperatur des Meerwassers im Laufe der langen Geschichte des Lebens bestimmten Schwankungen, allerdings nur um wenige Grade Celsius, unterworfen war. Es hat sich nämlich gezeigt, daß der Stoffwechsel von Muscheln sehr empfindlich auf die Temperatur des Wassers, in dem sie leben, anspricht. Beim Aufbau ihrer Schalen lagern die Muscheln Kalk ab, der ja Sauerstoff enthält. Nun besteht der Sauerstoff aus zwei verschiedenen Atomarten, die sich durch ihr Atomgewicht unterscheiden. Bei Schwankungen der Wassertemperatur werden diese beiden Sauerstoffarten in einem verschieden großen Verhältnis abgelagert. So kann man heute aus der Analyse des Kalks, der in den Schalen von Muscheln in der fernen geologischen Vergangenheit abgelagert worden ist, Temperaturschwankungen des Meerwassers jener Epochen ablesen.

Es bleibt uns jetzt noch ein wichtiges Thema aus dem Gebiet der Klimakunde zu besprechen, nämlich die Eiszeiten. Unter einer Eiszeit versteht man eine kurzfristige Periode in der Geschichte der Erde, während der sich das Klima entscheidend verschlechtert hat. Das Wort »schlecht« ist natürlich eine subjektive menschliche Feststellung; indessen kann man ein Klima und einen Zustand der Erde nur als schlecht bezeichnen, wenn sich die Polkappen weit bis in die Zone des gemäßigten Klimas ausdehnen und die Erdoberfläche bis in diese Bereiche hinein vergletschert ist. Während einer Eiszeit sind gewaltige Flächen mit einem dicken Eispanzer überzogen, wie wir ihn heute auf der Insel Grönland und auf der Antarktis beobachten.

Aus der geologischen Geschichte lassen sich mindestens drei wichtige Perioden der Vereisung ablesen: Eine vor 400 bis 500 Millionen, eine zweite vor 200 bis 250 Millionen Jahren und die letzte in der allerjüngsten Vergangenheit der Erde, das heißt während der letzten paar Millionen Jahre. Wir wissen über das Phänomen der Eiszeiten deswegen so gut Bescheid, weil die letzte Eiszeit knapp 20000 bis 50000 Jahre zurückliegt und ihre Spuren sich noch nicht sehr verwischt haben. Da die letzte Eiszeitenperiode so kurz vor unserer eigenen Zeit stattgefunden hat, können wir auch erkennen, daß sie in mehreren Wellen auftreten. So sind zum Beispiel in der jüngst vergangenen Eiszeitperiode vier deutliche Wellen festgestellt und genauestens untersucht worden, von denen die letzte erst vor knapp 25 000 Jahren ihr Ende gefunden hat. Ja, es ist sogar durchaus möglich, daß wir uns heute lediglich in dem aufsteigenden Ast einer Zwischeneiszeit befinden, und es könnte durchaus sein, daß in einigen fünfzigtausend oder einigen hunderttausend Jahren die Erde eine fünfte Welle der derzeitig ablaufenden Eiszeitperiode erleben wird.

Geologen, Physiker, Astronomen und Chemiker haben sich schon lange Gedanken darüber gemacht, wodurch Eiszeiten verursacht werden. Grundsätzlich kann man sich das Auftreten einer Eiszeit so vorstellen, daß über eine Periode von mehreren Hunderttausenden oder Millionen Jahren die Energie der Sonnenstrahlung, welche die Erde trifft oder am Erdboden ankommt, schwankt. Schon eine prozentual ganz geringe Verminderung der Sonnenstrahlung kann – wenn sie lange genug anhält – zu einer Vereisung führen. Stellen wir uns bloß vor, daß die Schneemassen, die während eines Winters fallen, im Laufe des nächsten Sommers nicht vollständig wieder wegschmelzen; dann muß es zu einer Vergrößerung der Polarkappen und zu einem langsamen Anwachsen der Gletscher in den Hochgebirgen kommen. Zur Zeit beobachten wir gerade das Gegenteil. Selbst in der kurzen Zeit der letzten 50 Jahre sind die Polarkappen meßbar kleiner geworden, und die Gletscher in unseren Hochgebirgen sind erheblich zusammengeschmolzen. Wenn sich solche auffälligen Veränderungen in einem halben Jahrhundert ereignen können, dann kann man sich gut vorstellen, daß im Laufe von einigen zehntausend Jahren eine neue Eiszeit hereinbricht, wenn der gegenteilige Vorgang abläuft.

So hat man sich überlegt, welche Vorgänge in der Natur könnten denn überhaupt die Sonnenstrahlung verändern. Dafür gibt es eine Reihe von Möglichkeiten. Beginnen wir zunächst einmal mit der Sonne selbst, der Quelle der Strahlung. Die Sonnenstrahlung ist als Ganzes gesehen von einer geradezu erstaunlichen Gleichförmigkeit, und selbst die elfjährige Periode der Sonnenflecken verursacht nur eine ganz minimale Schwankung in der Energie der Sonnenstrahlung. Diese Beobachtungen erstrecken sich natürlich nur über die letzten zweihundert Jahre, und ein solch kurzer Zeitraum sagt überhaupt nichts darüber aus, ob die Sonne sich auch in den letzten 500 Millionen Jahren so völlig gleichförmig verhalten hat. Der Astronom *Öpik* hat vor wenigen Jahren einige interessante Berechnungen durchgeführt, und er ist der Meinung, daß sich die Sonne in einem Rhythmus von etwa 250 Millionen Jahren in ihrem Innern in einer gewissen Weise umorganisiert und daß ihre Strahlungsenergie bei solchen Phasenänderungen kurzfristig, das heißt für ein paar Millionen

Oben: Zunahme des Kohlendioxydgehaltes der irdischen Atmosphäre in Millionstel während des letzten Jahrhunderts, die vermutlich durch die industrielle Verbrennung von Kohle und Öl verursacht worden ist.
Unten: Zunahme der mittleren Jahrestemperatur an 6 europäischen Beobachtungsstationen: (von oben nach unten) Greenwich, England; Wien, Österreich; Aberdeen, Schottland; Uppsala, Schweden; Trondheim, Norwegen; Stykkishoimur, Island.
Der auffallend parallele Gang der Zunahme der Konzentration von Kohlendioxyd in der Erdatmosphäre und der mittleren Temperaturen an diesen Stationen läßt einen kausalen Zusammenhang vermuten

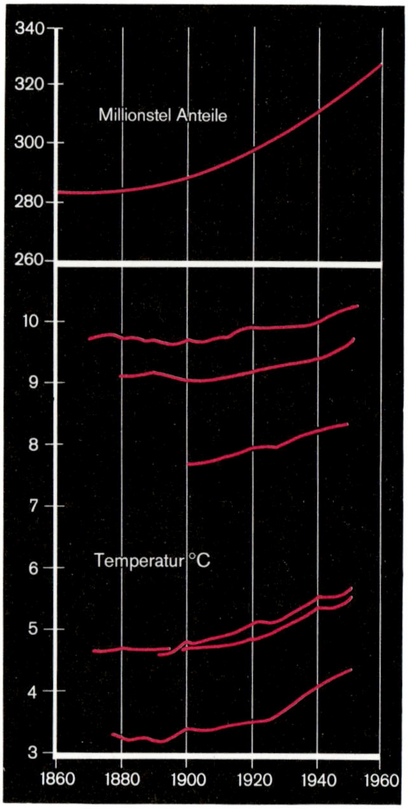

Jahre, schwankt. Das würde erklären, daß sich die letzten drei Eiszeitperioden in jenen Intervallen von etwa 250 Millionen Jahren ereignet haben. Nach dieser Theorie befinden wir uns heute innerhalb eines solchen Intervalls, das heißt also, in einer sehr interessanten, seltenen Phase des Sonnenlebens.
Eine andere Theorie der Eiszeiten gründet sich auf eine Schwankung des Kohlendioxydgehaltes der Erdatmosphäre. Kohlendioxyd in der Atmosphäre wirkt ähnlich wie die Glasscheiben eines Treibhauses. Sie lassen die Energie der Sonne in Form von sichtbarer Strahlung hindurch, verhindern jedoch die Ausstrahlung. Aus diesem Grunde ist es in einem Treibhaus oder in einem Zimmer mit geschlossenen Fenstern immer wesentlich wärmer als in der freien Luft. Wenn sich nun der Gehalt an Kohlendioxyd in der Atmosphäre gelegentlich vermindert, dann würde die Gesamttemperatur der Erde absinken, und es

genügt eine Verminderung der mittleren Temperatur der Erde um nur wenige Grade, um eine Vereisung herbeizuführen. Es könnte also durchaus sein, daß die Eiszeiten auf geologische Schwankungen des Kohlendioxydgehaltes der Erde zurückzuführen sind. Solche Schwankungen können auftreten; denn Kohlendioxyd ist ein Hauptbestandteil der Exhalation von Vulkanen. Wenn also im Laufe der Erdgeschichte gelegentlich die vulkanische Tätigkeit der Erde stark zurückgeht, so würde eine Eiszeit die Folge sein.
Eine weitere Möglichkeit zur Erklärung der Eiszeiten ist dadurch gegeben, daß die Bahn der Erde um die Sonne periodischen Schwankungen unterworfen ist. Wenn die Erdbahn mehr und mehr von einem Kreis abweicht, dann verweilt sie während eines Umlaufes eine etwas längere Zeit in größerer Entfernung von der Sonne. Selbst kleine Änderungen in der Form ihrer Bahn würden zu beträchtlichen Schwankungen in der Sonnenstrahlung führen.
Der jugoslawische Klimatologe *Milanković* hat sehr überraschende Berechnungen durchgeführt, mit denen er Änderungen der Erdbahn – verursacht durch den Einfluß der großen Planeten während der letzten 600000 Jahre – ermittelt hat. Diese Veränderungen der Erdbahn fallen in auffallender Weise mit den vier großen Eiszeiten während dieses Zeitraumes zusammen. Diese Übereinstimmung ist sehr eindrucksvoll; indessen müßten sich nach dieser Theorie während der ganzen Geschichte der Erde laufend Eiszeiten ereignet haben. Dafür gibt es keine geologischen Beweisstücke. So bleibt heute die Ursache der Eiszeiten noch immer ein großes Rätsel der Paläoklimatologie.
Wir sehen also, daß alle Überlegungen, die wir über das Klima in der langen Geschichte unseres Planeten anstellen können, auch heute noch graue Theorie sind. Damit wollen wir die brillanten Ergebnisse, welche die Forschung auf diesem Gebiet bereits zusammengetragen hat, in keiner Weise verringern oder verniedlichen. Die Geologie und die Paläoklimatologie leiden natürlich unter der Tatsache, daß kein denkendes Wesen die jahrmilliardenlange Geschichte unseres Planeten miterlebt hat und darüber berichten könnte. Vielleicht macht gerade diese Tatsache das Thema so interessant. Es ist ein Wissenschaftsgebiet, in dem phantasievolle Spekulationen nicht nur erlaubt, sondern sogar erwünscht sind. Was wir anführten, sind daher keineswegs gesicherte Tatsachen. Indessen beginnt sich die Entwicklungsgeschichte unseres Planeten zu runden. Keiner der Forscher, die auf diesem interessanten Gebiet gearbeitet haben, würde mit Sicherheit behaupten, daß dies der Lauf der Ereignisse gewesen sein muß. Eines jedoch kann man mit Bestimmtheit sagen: Je weiter die Forschung fortschreitet, um so mehr nähert sie sich der wahren Erkenntnis der Dinge.

8_ Die Zukunft der Erde

Unser Planet, die Erde, ist etwa 5 bis 6 Milliarden Jahre alt, und er hat daher schon ein sehr langes und unerhört ereignisreiches Leben hinter sich. Bisher haben wir uns damit beschäftigt, wie die Erde selbst entstanden ist, wie sich der Erdkörper entwickelt hat, woher das Meer und die Atmosphäre stammen und wie sie sich im Laufe der Zeit entwickelt haben; wie man sich heute den Ursprung des Lebens vorstellt und wie die klimatischen Verhältnisse auf unserem Planeten gewesen sind.
Die Vorstellungen, die wir dabei entwickelt haben, sind natürlich nur Vermutungen; indessen hat gerade auf dem Gebiet der Erdwissenschaften die Zusammenarbeit der verschiedenen Wissenschaftsgebiete erstaunliche Früchte getragen, und man kann sagen, daß die Vorstellungen über Ursprung und Entwicklung unseres Planeten den tatsächlichen Ablauf der Ereignisse recht getreulich wiedergeben.
Nun wollen wir einen Blick in die Zukunft tun und sehen, wie sich die moderne Wissenschaft das weitere Schicksal unseres Planeten heute vorstellt. Auch diese Vorstellungen sind natürlich nur Vermutungen; sie sind indessen gestützt durch eine große Zahl von Erkenntnissen über die Natur unseres Planeten, so daß auch das, was wir hier dazu anführen, ein recht verläßliches Bild der Zukunft unserer Erde ist.
Das Alter der Menschheit wird heute auf etwa 1 Million Jahre geschätzt, und dieser Zeitraum ist nur ein wenig größer als $^{1}/_{10}$ Promille des Alters der Erde. Die Menschheit hat also nur einen winzigen Bruchteil der Erdgeschichte selbst erlebt. Man darf mit Fug und Recht erwarten, daß die Erde die Menschheit im gleichen Maßstab überleben wird. Es gibt keinerlei wissenschaftliche Gründe anzunehmen, daß die Erde nicht noch weitere Milliarden von Jahren überdauern wird. Selbst unter der Voraussetzung, daß sich die Menschheit durch einen weltweiten Atomkrieg nicht selbst vernichtet, können wir nicht damit rechnen,

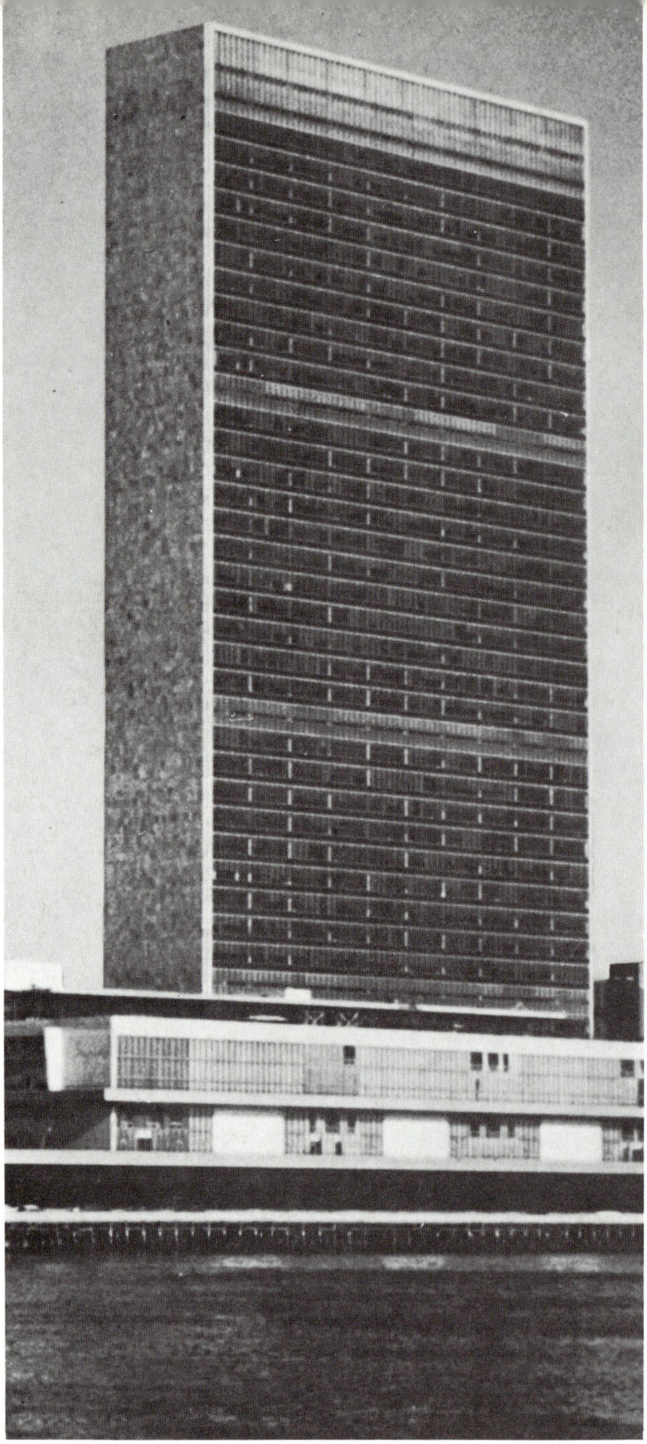

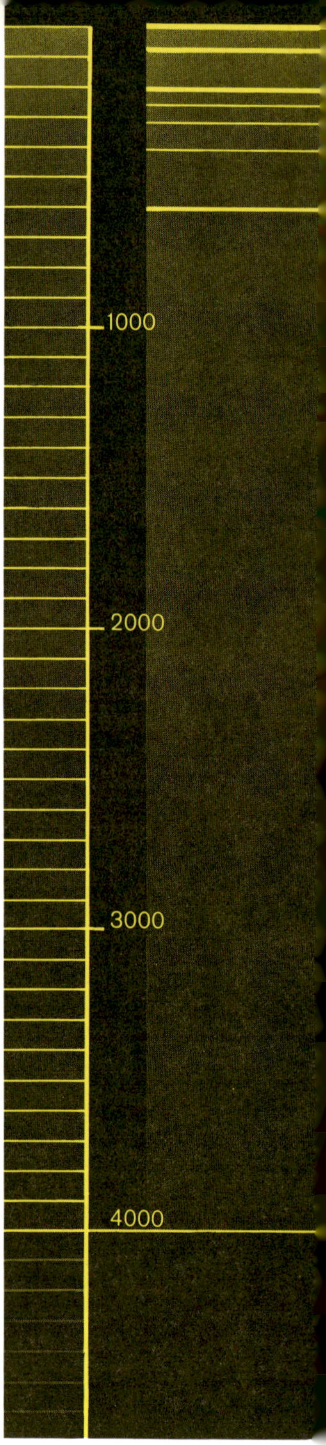

Das UNO-Gebäude in New York mit seinen 40 Stockwerken und Kellergeschossen entspricht der Dauer der Erdgeschichte, wenn man jedes Stockwerk einem Zeitraum von 100 Millionen Jahren gleichsetzt. Die einzelnen geologischen Perioden sind entsprechend eingetragen und zeigen, wie spät das Leben in seiner

bunten Fülle die Erde zu bevölkern begann. Wenn auf dem Dach des Gebäudes ein Buch liegt, so entsprechen seine 500 Seiten dem Alter der Menschheit, während die oberste Seite die Zeit seit Christi Geburt darstellt

daß die Lebenserwartung des Menschengeschlechts in diesen Größenordnungen gemessen werden kann. Wenn man die Entwicklung der einzelnen Gattungen von Tieren und Pflanzen im Laufe der geologischen Geschichte überblickt, so kann man feststellen, daß den meisten von ihnen nur eine relativ kurze Lebensspanne gegönnt gewesen ist. So hat zum Beispiel das Geschlecht der Saurier nur knapp 100 Millionen Jahre existiert – gewiß eine lange Zeit, aber dann hat schließlich ihre Stunde geschlagen. Andererseits gibt es auch Gattungen von Lebewesen, die viel längere Zeiträume überstanden haben und auch heute noch existieren. Darunter befinden sich nicht nur primitive Lebewesen wie Einzeller oder die Algen, sondern auch schon recht fortgeschrittene Geschöpfe wie etwa die Küchenschaben, die Skorpione und Schildkröten, die es zum Teil schon seit über 300 Millionen Jahren auf unserer Erde gibt. Es gibt auch keinen stichhaltigen Grund dafür anzunehmen, daß diese Tiergattungen nicht noch einmal 300 Millionen Jahre überdauern könnten.

Über die Gründe, die zu dem Aussterben bestimmter Tiergattungen geführt haben, kann man nur sehr schwer Rechenschaft ablegen. Es gibt verschiedene Theorien darüber, weshalb zum Beispiel die Saurier plötzlich, das heißt in relativ kurzer Zeit, ausgestorben sind. Vielleicht waren es langfristige Schwankungen im Klima, welche die Lebensbedingungen dieser Tiergattungen so einschneidend verändert haben, daß sie schließlich ausstarben; vielleicht hat das Aufkommen neuer und besser ausgerüsteter Tiergattungen, wie etwa der Säugetiere, ihren Untergang besiegelt. Wir wissen es nicht.

Da wir noch nicht einmal wissen, weshalb in der Vergangenheit so viele Gattungen von Tieren und Pflanzen ausgestorben sind, können wir auch über die Lebenserwartung des Menschengeschlechts keine sicheren Angaben machen. Hinzu kommt, daß der Mensch – zwar Teil des irdischen Lebens und damit in vielen wichtigen Punkten den Gesetzen des Lebens unterworfen – sich dennoch ganz wesentlich von den übrigen Lebensformen unterscheidet. Er ist mit Vernunft begabt. Er hat Einblick in das Naturgeschehen, und es ist durchaus denkbar, daß es ihm gelingen wird, jene Kräfte, die zum Aussterben einer Gattung führen, rechtzeitig zu erkennen und sie zielbewußt auszuschalten. So wäre es durchaus möglich, daß dem Menschengeschlecht in der Tat noch eine Zukunft, die sich nach vielen Jahrmillionen bemißt, vergönnt ist. Von der heutigen Sicht aus gesehen, ist in der Tat der Mensch selbst der größte Feind des Menschengeschlechts. Es ist viel wahrscheinlicher, daß er durch Selbstmord endet, lange bevor ihn die natürliche Entwicklung der Erde und des Lebens auf ihr überholt. Doch wollen wir einmal diese Spekulation beiseite lassen und uns jenen Kräften zuwenden, die wir etwas besser überschauen können. Wir wollen uns daher zunächst einmal die etwas einfachere Frage vorlegen, wie sich das zukünftige Schicksal der Erde als Planet wohl entwickeln wird. Vor allen Dingen wollen wir uns fragen, wie lange wird die Erde denn wohl noch wohnlich bleiben. Wie lange werden die Bedingungen auf ihrer Oberfläche, das Klima, die Sonnenstrahlung noch vorhalten – alle jene Bedingungen, die heute – man darf sagen – geradezu ideal sind.

Wir haben bereits mehrfach darauf hingewiesen, daß die Erde der einzige Planet in unserem Planetensystem ist, der ein Weltmeer hat. Wir haben auch gesehen, daß dieses Weltmeer den vielleicht kostbarsten Besitz darstellt, der für die Entstehung des Lebens auf der Erde, für das Klima und für die gesamte Ökonomie des Lebens auf der Erde von allergrößter und einschneidender Bedeutung ist. Ohne das Weltmeer wäre das Leben auf dieser Welt unmöglich. Es ist daher für das Thema, das wir hier gestellt haben, sehr wichtig zu überlegen, ob die Erde wohl auch in Zukunft ihr Weltmeer behalten wird. Diese Frage kann man voll und ganz bejahen. Das Weltmeer ist selbst schon einige Milliarden Jahre alt und hat bisher alle Fährnisse in der Entwicklung unseres Planeten hervorragend überstanden. Daß ein Planet andererseits sein Wasser verlieren kann, glaubt man vom Beispiel des Planeten Mars her zu wissen. Der Mars hat nur einen sehr geringen Wasservorrat, und es läßt sich zeigen, daß die Bedingungen auf diesem Planeten so beschaffen sind, daß er ein großes Weltmeer nicht zu halten vermag. Auch die Erde verliert jeden Tag eine erhebliche Wassermenge. Wasserdampf in der Atmosphäre, der in die höchsten Atmosphärenschichten gerät, ist dort der intensiven ultravioletten Sonnenstrahlung ausgesetzt. Diese Strahlung zerlegt das Wassermolekül in seine Bestandteile Wasserstoff und Sauerstoff, wobei der Wasserstoff in den Weltraum entweicht, während der Sauerstoff in der Atmosphäre verbleibt. Die Erde hat jedoch diese dauernden Wasserverluste im Laufe ihrer langen Geschichte sehr gut überstanden. Im Gegenteil, die Wassermenge ihrer Ozeane ist im Laufe der Zeit immer größer geworden. Die Verluste wurden durch die gewaltigen Wasserdampfmengen, welche die Vulkane ausstoßen, mehr als wettgemacht. Wir dürfen daher mit Sicherheit annehmen, daß das Wasser des Weltmeeres auch in Zukunft eher zu- als abnimmt.

Das gleiche gilt für die Atmosphäre, die ja als Umweltfaktor für das Leben auf der Erde ebenfalls unerhört wichtig ist. Der Vulkanismus gleicht auch hier alle Verluste wieder aus. Der für die Tierwelt und damit auch für den Menschen wichtigste Bestandteil der Atmosphäre ist der Sauerstoff. Um ihn brauchen wir

uns auch keine Sorgen zu machen, solange die Pflanzenwelt ihn durch den Prozeß der Photosynthese laufend ersetzt, so wie sie es schon seit langer Zeit in der Vergangenheit getan hat.
Es wäre heute vielleicht möglich, durch einen globalen Atomkrieg die Oberfläche des Planeten so mit Strahlung zu verseuchen, daß nicht nur die Tiere, sondern auch die Pflanzen absterben. Dann allerdings sind die Tage des Luftsauerstoffs gezählt. In etwa 3000 Jahren würde er durch die Oxydation der Erdkruste völlig verbraucht werden und auf Nimmerwiedersehen verschwinden.
Wir brauchen also selbst bis in die fernste Zukunft hinein um unser Weltmeer und um unsere Atmosphäre nicht zu fürchten. Ein weiterer wichtiger Faktor in der Umwelt unseres Planeten ist sodann die Strahlung der Sonne. Das Leben auf der Erde ist auf einen Fortbestand dieser dauernden, unerhört gleichmäßigen Energiezufuhr angewiesen. Das Schicksal der Erde ist naturgemäß mit dem Schicksal der Sonne eng verknüpft.
Wenn wir nach der Zukunft der Sonne fragen, so müssen wir uns an die Astrophysiker wenden, die im Laufe der letzten 30 bis 50 Jahre etwas Licht in die Entwicklungsgeschichte eines typischen Sternes und damit auch der Sonne gebracht haben. Obwohl sich uns die Sonne als ein unerschöpflicher Energiespeicher darbietet, so ist ihr Vorrat an Brennmaterial doch nicht unbegrenzt. Der Brennstoff der Sonne besteht aus Wasserstoff, der sich in dem unerhört heißen und dichten Kern der Sonne durch den Prozeß der sogenannten Atomkernfusion langsam in Helium verwandelt. Bei diesen Prozessen wird ein unerhört großer Betrag von Energie frei, der als Sonnenstrahlung nach allen Seiten abgegeben wird. Ein winziger Bruchteil dieser Strahlung trifft die Erde und hält dort alles, einschließlich der Lebensvorgänge und des Wettergeschehens, in Gang.
Irgendwann einmal wird der Wasserstoffvorrat der Sonne knapp werden, und man würde zunächst einmal glauben, daß demnach die Sonne, zwar sehr langsam, aber doch laufend an Strahlungskraft verlieren würde. Dies ist jedoch nicht der Fall. Es würde hier zu weit führen, alle jene Überlegungen zu schildern, welche die Astrophysiker über den Lebenslauf eines durchschnittlichen Sternes wie der Sonne angestellt haben. Es genügt hier, auf das Paradox hinzuweisen, daß ein Stern in Wahrheit an Helligkeit zunimmt, wenn der Wasserstoffvorrat in seinem Körper knapp wird. Die Sonne wird zwar in ferner Zukunft nicht heißer werden, jedoch sie wird sich ausdehnen, und zwar in einem solchen Umfang, daß ihr Körper vielleicht sogar bis zur Bahn des Plane-

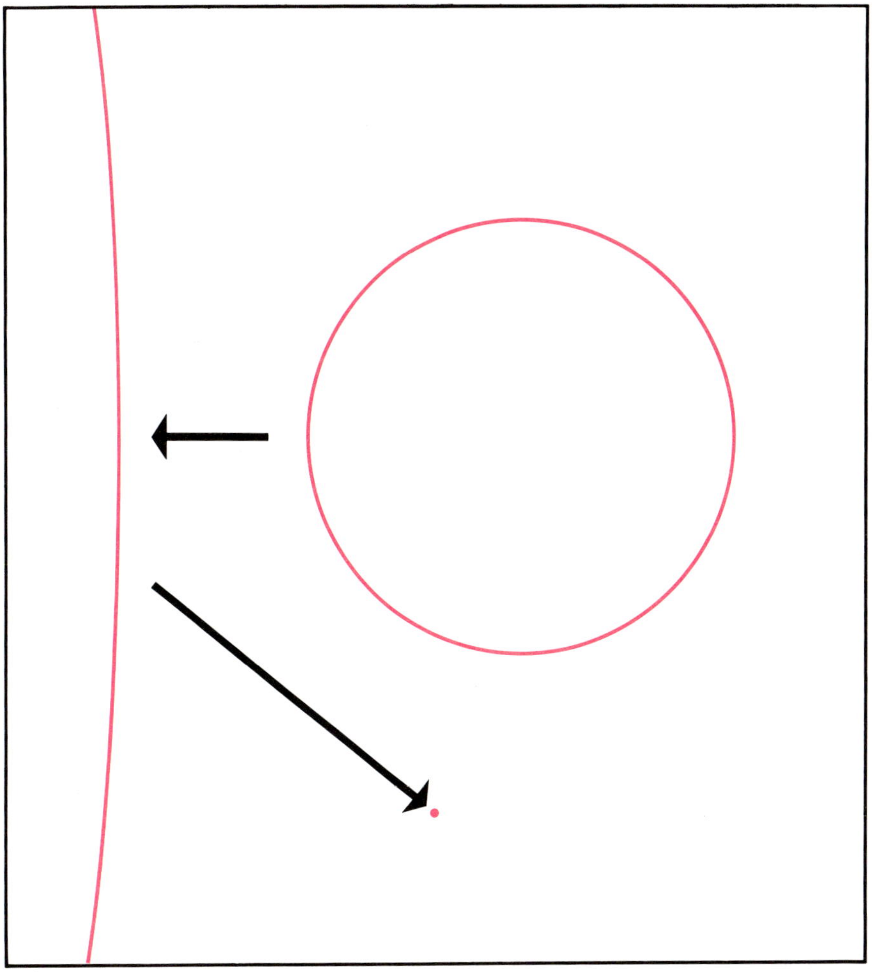

Im Laufe ihres langen Lebens erfährt die Sonne drastische Änderungen in ihrer Größe. In der Mitte die Sonne in ihrer heutigen Größe, die langsam zu einem riesigen Ball (links angeschnitten) anwächst. Nach einem dramatischen Kollaps in ferner Zukunft wird sie sich in einen winzigen, etwa erdgroßen sogenannten weißen Zwerg (Mitte unten) verwandeln

ten Merkur reichen wird. Diese stark aufgeblähte Sonne wird dann wie ein riesiger Ball am irdischen Himmel hängen, und allein wegen ihrer vergrößerten Oberfläche wird sie die Erde mit einer Strahlungsflut überschütten, welche den heutigen Betrag um ein Vielfaches übersteigen wird.

Diese Vorgänge allerdings liegen – wie schon gesagt – in der fernsten Zukunft; es wird noch einige Milliarden Jahre dauern, bis dieser extreme Zustand langsam, unmerklich langsam, erreicht sein wird. Man kann sich natürlich vorstellen, was passieren wird, wenn die Erde von der langsam wachsenden Sonnenstrahlung mehr und mehr aufgeheizt wird. Die Theorien über die zukünftige Strahlungszunahme der Sonne sind nicht allzu genau, und wir wollen uns hier auf eine Schilderung derjenigen Zustände beschränken, die etwa in der Mitte zwischen den verschiedenen Ergebnissen liegen. Zumindest müssen wir erwarten, daß die Ozeane verdampfen und dann schließlich zusammen mit der Atmosphäre in den Weltenraum entweichen werden. Die Temperatur der Erdoberfläche wird so weit ansteigen, daß sie, wie einst in grauer Vorzeit, erneut glutflüssig sein wird. Dies bedeutet natürlich das Ende des Lebens auf der Erde.

Der nächste Schritt in der Entwicklung der Sonne wird sich sehr plötzlich ereignen. Es kommt dann schließlich zu einem ganz kritischen Zustand im inneren Aufbau der Sonne, der dazu führt, daß sie sich innerhalb von wenigen Tagen und Wochen in einen völlig anderen Sterntyp verwandeln wird, und zwar in einen sogenannten weißen Zwerg. Die Sonne wird dann zu einer winzigen Kugel zusammensinken, etwa nur so groß wie die Erde, ohne dabei wesentlich an Masse zu verlieren. Sie wird also immer noch imstande sein, die Planeten in ihren Bahnen zu halten, so daß man trotz dieser gewaltigen kosmischen Katastrophe annehmen darf, daß die Planeten, und damit auch die Erde, dieses Ereignis überleben werden.

Gleichzeitig mit der Verwandlung der Sonne in einen weißen Zwerg wird ihre Strahlungskraft wieder ganz erheblich absinken, und es ist durchaus möglich, daß sie anschließend noch für einige Milliarden Jahre wieder etwa ebenso hell sein wird wie heute.

Diese Überlegungen haben zu einer phantastischen Spekulation Anlaß gegeben. Es wäre durchaus möglich, daß sich dann der Vorhang für einen zweiten Akt in der Entwicklung der Erde hebt. Wenn die alten Strahlungsverhältnisse wiederhergestellt sind, wird sich die Erde wieder abkühlen, ihre Kruste wird erneut erstarren, und der bis dahin wohl immer noch aktive Vulkanismus könnte unserem Planeten vielleicht eine neue Atmosphäre und sogar einen

zweiten Ozean in seiner Geschichte geben. Das neue Weltmeer und die neue Atmosphäre können durchaus wiederum eine Lebensdauer von einigen Milliarden Jahren haben, so daß vielleicht selbst für das Leben eine zweite Chance bestünde. Es wäre also durchaus denkbar, daß sich die phantastische Geschichte des Lebens auf unserem Planeten dann noch einmal wiederholt.
Aber dann sind die Tage der Sonne unerbittlich gezählt. Dann wird sie langsam wirklich erkalten, und in ganz ferner Zukunft wird die Erde um eine schwach leuchtende Sonne kreisen, eingehüllt in einen Panzer von Eis und gefrorenem Stickstoff. So stellt sich die moderne Wissenschaft das endgültige Schicksal der Erde heute vor.
Alle diese Ereignisse, die wir hier kurz geschildert haben, liegen – wenn sie überhaupt kommen – in einer so fernen Zukunft, daß sie uns nicht als persönliches Schicksal der Menschheit, sondern nur rein intellektuell interessieren. Wollen wir also jetzt noch einmal unseren Zeitmaßstab etwas zurückschrauben und uns auf jene möglichen Ereignisse und Veränderungen in der näheren Zukunft der Erde beschränken, welche die Menschheit vielleicht noch erleben wird.
Wenn wir unsere Chancen als Bewohner dieses Planeten diskutieren wollen, so muß man in erster Linie an Naturkatastrophen denken, welche die Existenz der Menschheit bedrohen könnten. Muß man in der näheren Zukunft mit Naturkatastrophen rechnen, und welcher Art können sie sein?
Wenn man von Naturkatastrophen spricht, so denkt man zumeist an Fluten und Erdbeben. Diese werden sich auch in der Zukunft immer wieder ereignen. Allerdings haben diese Katastrophen immer nur einen lokalen Charakter und stellen daher für die ganze Menschheit, und noch viel weniger für das Leben als Ganzes, keine Existenzbedrohung dar. Erdbeben und Vulkanismus gehören eng zueinander, und wir haben in unseren vorangegangenen Kapiteln schon öfter darauf hingewiesen, welch große Rolle dem Vulkanismus im Spiel der Elemente auf unserer Erde zukommt. Ohne den Vulkanismus gäbe es kein Weltmeer. Erdgeschichtlich gesehen müssen wir daher die immer wieder auftretenden Erdbeben voraussagen können, so daß der Menschheit wenigstens jene großen Verluste, die von Erdbeben verursacht werden, erspart werden können. Global gesehen jedoch können weder Erdbeben noch die größten Sturmfluten die Menschheit oder das Leben überhaupt jemals in ihrem Bestand gefährden.
Erdbeben und Sturmfluten sind deswegen besonders gefürchtet, weil sie blitzartig zuschlagen. Es gibt aber noch andere Veränderungen auf der Oberfläche

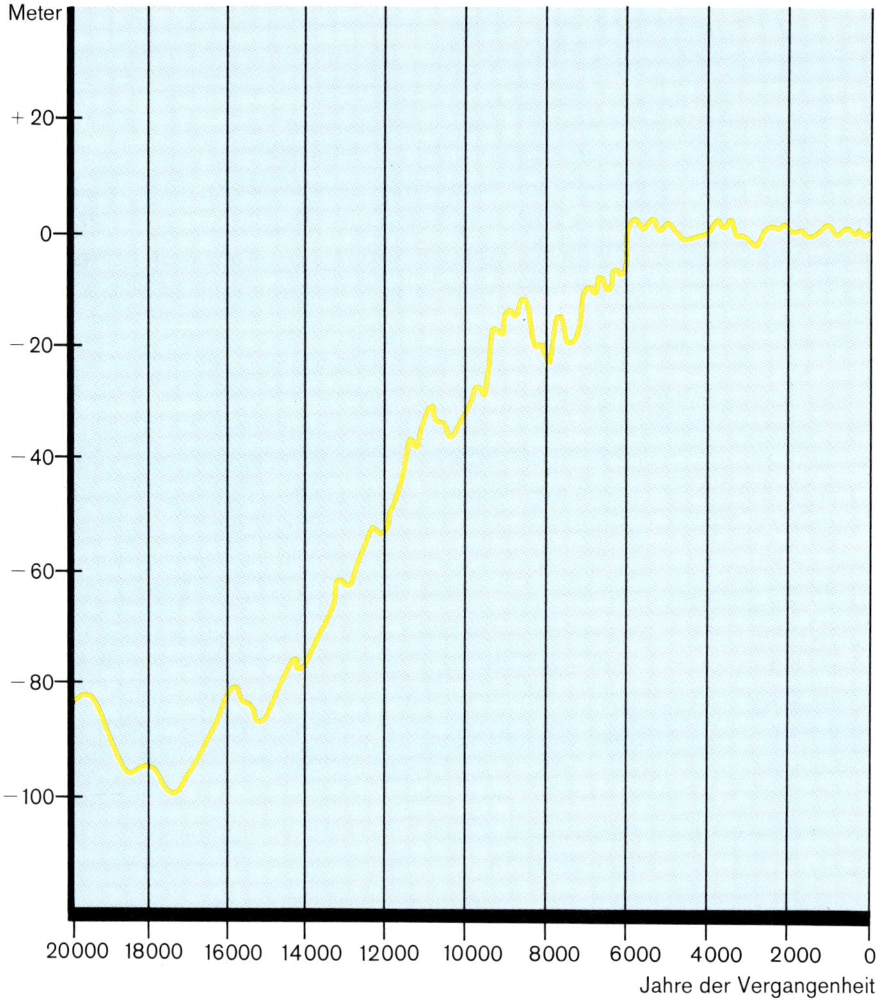

Anstieg der Höhe des Meeresspiegels seit dem Ende der letzten Eiszeit

unserer Erde, die an sich katastrophal wirken können; indessen sind sie weit weniger gefährlich, da sie die Folgen von sehr langsamen Vorgängen sind. So ist zum Beispiel bekannt, daß sich der Meeresspiegel seit dem Ende der letzten Eiszeit vor etwa 20000 Jahren langsam angehoben hat. Dies ist tatsächlich darauf zurückzuführen, daß das Eis, welches noch vor 100000 Jahren weite Flächen der Erde bedeckt hat, heute zum großen Teil abgeschmolzen ist und dadurch das Meer gewissermaßen zum Überlaufen gebracht hat. Diese Prozesse werden vermutlich im Laufe der nächsten 50000 Jahre noch weiter fortschreiten, und wir müssen damit rechnen, daß das Meer in dieser Zeit weitere 20, 60, vielleicht sogar 100 Meter steigt. Bis dahin werden die größten Zentren der Bevölkerung – New York, Hongkong, Hamburg, Los Angeles, Rio de Janeiro – unter dem Meeresspiegel liegen. Diese Prozesse sind jedoch so langsam, daß man sich an sie anpassen kann. Das beste Beispiel dafür ist Holland, das in geschichtlicher Zeit und zuletzt erst vor ein paar Jahren die Folgen des ständigen Absinkens seiner Landmassen und des Ansteigens des Meeresspiegels zu spüren bekommen hat.

Eine andere langsame Katastrophe wäre sodann eine neue Eiszeit, die sich durchaus im Laufe der nächsten fünfzig- bis hunderttausend Jahre ereignen könnte. Sie würde uns zwar das weitere Steigen des Meeresspiegels ersparen, gleichzeitig jedoch zu einer deutlichen Verschlechterung des Klimas auf der Erde führen und uns einer großen heute nutzbaren Landfläche unseres Planeten berauben. Allerdings ist eine weitgehende Vergletscherung des Planeten auch immer mit einem bedeutenden Absinken des Meeresspiegels verbunden, so daß außerhalb der vereisten Zonen viele Millionen von Quadratkilometern neuen Landes erscheinen würden. Die Menschheit hätte Tausende von Jahren Zeit, sich auf diese neuen Verhältnisse umzustellen. Diese drastischen Veränderungen würden ja nur dann katastrophal wirken, wenn sie sich in relativ kurzer Zeit, das heißt innerhalb von wenigen Jahren, ereigneten.

Wir dürfen also sagen, daß, im Gegensatz zur mythologischen Anschauung, der Menschheit und dem Leben auf der Erde von großen Naturkatastrophen auch für sehr lange Zeit in der Zukunft keine Gefahr droht. Sehr plötzliche Katastrophen, wie Erdbeben und Sturmfluten, sind lokal sehr beschränkt, sie sind nur Nadelstiche. Globale Veränderungen auf der Erde kommen so außerordentlich langsam, daß sie nahezu unmerklich sind, und für das Leben – und vor allen Dingen für die Menschheit – steht immer ausreichend Zeit zur Verfügung, sich darauf einzustellen.

Dennoch gibt es eine Art von Naturgefahr, welche jene zwei Eigenschaften

Oben: Supernova (Pfeil), die im Mai 1940 in dem Spiralnebel NGC 4725 aufblitzte, wo zuvor nur ein schwacher, permanenter Knoten von Sternen und Gaswolken sichtbar war.
Rechts: Der sogenannte »Krebsnebel« im Sternbilde des Stieres. Es handelt sich um Überreste einer Supernova-Explosion, die von chinesischen Astronomen im Jahre 1054 n. Chr. an derselben Stelle beobachtet worden war

miteinander vereint, sie wirklich zu einer ernsthaften Katastrophe zu machen, nämlich, daß sie sehr plötzlich kommt – das heißt innerhalb von wenigen Tagen oder Wochen – und gleichzeitig die Erde als ganzen Planeten betrifft. Glücklicherweise ereignen sich solche Katastrophen für die Erde außerordentlich selten, im Schnitt vielleicht einmal alle 100 bis 500 Millionen Jahre. Es dreht sich dabei nicht etwa um eine Katastrophe, die sich auf der Erde oder auch innerhalb unseres eigenen Planetensystems ereignet, sondern um eine Katastrophe in den Tiefen der Milchstraße. Es sind dies die sogenannten Supernovae.
Schon seit vielen Jahrhunderten haben die Astronomen gelegentlich das Auftauchen neuer Sterne beobachtet, und man hat sie mit dem lateinischen Namen »nova stella«, das heißt neuer Stern, bezeichnet. Mit diesem Namen ist man allerdings über das Ziel hinausgeschossen, denn man hat bei diesen sogenannten

neuen Sternen immer wieder feststellen können, daß es sich dabei nur um einen Ausbruch, um eine Explosion eines vorher bereits vorhandenen Sternes gehandelt hat. Innerhalb weniger Stunden oder Tage hat der Stern seine Helligkeit auf das Zehn- oder Hunderttausendfache gesteigert, und er ist dadurch für das bloße Auge sichtbar geworden, während er vorher bereits als schwacher Stern existierte. Durch Vergleich mit älteren photographischen Platten hat man nachweisen können, daß an der Stelle, wo der sogenannte neue Stern auftauchte, ein schwaches Sternchen zu finden war. Diese sogenannten Novaausbrüche sind von relativ kurzer Dauer, und nach wenigen Jahren ist der Stern wieder auf seine alte Helligkeit abgesunken.
Wir haben vorhin schon bei der Schilderung der Zukunft unserer eigenen Sonne einen solchen Novaausbruch vorweggenommen; es war jene kurze

Phase, in der sich die aufgeblähte Sonne innerhalb weniger Tage in einen weißen Zwerg verwandelt hat. Das Wort Ausbruch ist deshalb nicht ganz richtig, in Wirklichkeit handelt es sich um einen plötzlichen Kollaps eines Sterns, bei dem kurzfristig gewaltige Energie- und Strahlungsmengen ausgestoßen werden.

Außer diesen sogenannten normalen Nova-Ereignissen gibt es noch die viel selteneren Supernova-Erscheinungen, in denen ein Stern innerhalb weniger Stunden seine Helligkeit kurzfristig und katastrophal um den Betrag von 1, 10, ja sogar von 100 Milliarden steigern kann. Für einige Tage lang ist dieser Stern dann ebenso hell wie alle anderen Sterne der Milchstraße, zu der er gehört, zusammengenommen.

Solche Supernova-Erscheinungen sind sehr selten; sie ereignen sich pro Milchstraße etwa einmal alle dreihundert Jahre. In geschichtlicher Zeit hat man drei Supernovae in unserer eigenen Milchstraße beobachten können: Die Supernova von 1054, die von Chinesen beobachtet worden ist; sodann der neue Stern, den der dänische Astronom *Tycho Brahe* im Jahre 1572 entdeckte, und die Supernova von *Kepler* im Jahre 1604. Diese neuen Sterne waren so hell, daß man sie auch am Tage sehen konnte. Allerdings waren sie in den fernen Bereichen unserer Milchstraße aufgetaucht, so weit entrückt, daß sie nur als besonders helle Sterne erschienen.

Was aber passiert, wenn einer der Nachbarsterne der Sonne einen Supernova-Ausbruch erleiden würde? Ein Stern, der heute vielleicht gerade mit dem bloßen Auge sichtbar ist, würde als Supernova für einige Tage lang beinahe so hell wie eine zweite Sonne scheinen. Gleichzeitig würde er, mit einer Verzögerung von einigen Wochen oder Monaten, die Erde mit einem gewaltigen Stoß von kosmischer Strahlung überschütten, der alle Lebewesen und ihr Erbgut entscheidend umgestalten könnte.

Innerhalb einer Milchstraße ereignen sich – wie wir schon gesagt haben – Supernova-Ausbrüche etwa alle dreihundert Jahre; unsere Milchstraße ist jedoch so riesengroß, daß praktisch alle diese Ereignisse in so großer Entfernung erfolgen, daß sie für uns ungefährlich sind. Indessen muß man doch damit rechnen, daß im Schnitt vielleicht alle 100 bis 500 Millionen Jahre eine sonnennahe Supernova auftaucht. Seit es Leben auf der Erde gibt, haben sich solche Katastrophen daher vielleicht schon ein paarmal ereignet.

Schon im Jahre 1945 hat sich der Verfasser überlegt, ob nicht sonnennahe Supernovae für jene auffallenden Brüche in der Entwicklung des Lebens verantwortlich gemacht werden müssen, die bisher jeder Erklärung getrotzt haben. Mit ihrem plötzlichen Strahlungsstoß können solche Supernova-Ausbrüche auf das Erbgut des Lebens ganz erhebliche, man könnte sagen, katastrophale Einwirkungen gehabt haben. Vielleicht war dies der Grund, weshalb viele Gattungen von Tieren und Pflanzen in so unerklärlicher Weise plötzlich ausgestorben und andere an ihre Stelle getreten sind.

Ein sonnennaher Supernova-Ausbruch ist daher wohl die einzige Naturkatastrophe, die uns gefährlich werden könnte. Sollte sich ein solcher Ausbruch unter den sonnennächsten Sternen ereignen, so würden auf der Erde kurzfristig katastrophale Änderungen eintreten. Allein die Aufheizung des Erdbodens und des Meeres durch eine zweite Sonne, die für einige Wochen am Himmel erschiene, würde zu gewaltigen Wetterkatastrophen führen, deren Umfang und Auswirkungen man sich kaum vorstellen könnte. Trotz riesiger Verluste, die der Menschheit, den Tieren und den Pflanzen dadurch bestimmt zugefügt würden, könnte eine solche Wetterkatastrophe allein die Existenz des Lebens noch nicht gefährden. Ein Supernova-Ausbruch ist jedoch nicht nur die Quelle von Licht- und Wärmestrahlen; er ist auch die Quelle eines gewaltigen Stoßes energiereicher Teilchen- und Gammastrahlung. Wir können schwer abschätzen, in welchem Umfang diese Strahlung von der Erdatmosphäre abgefangen werden kann und ob die durchdringenden Teile einer solchen Strahlung zumindest für die ungeschützten Lebewesen auf dem Lande eine tödliche Gefahr darstellen. Man muß wohl damit rechnen, daß ein solcher kosmischer Strahlungsstoß das Erbgut des gesamten irdischen Lebens entscheidend umgestalten könnte.

Die Natur hat uns einen sehr schönen und außerordentlich fruchtbaren Planeten gegeben, auf dem sich das Leben und damit auch wir selbst als Menschheit entwickeln konnten. Naturkatastrophen, die die Erde zerstören könnten, sind auch in ferner Zukunft nicht zu erwarten. Selbst ein sonnennaher Supernova-Ausbruch braucht uns keine schlaflosen Nächte zu bereiten, denn die Waage der Natur ist sehr fein ausgewogen. So groß eine solche Katastrophe auch wäre, so unerhört unwahrscheinlich ist sie auch. Die größte Gefahr für unsere Zukunft liegt darin, daß wir uns selbst vernichten.

Bitte beachten Sie auch die folgenden Seiten

MAURICE MESSÉGUÉ

Die Natur hat immer recht

317 Seiten, gebunden

»Uns muß mehr an unserer Gesundheit liegen als an der Eroberung des Mondes«, sagt der berühmte Naturarzt und Spezialist der Pflanzenheilkunde, Maurice Mességué. Vehement fordert er die Aussöhnung von Mensch und Natur, ruft auf zum Kampf gegen die Umweltverseuchung und weist konkrete Wege. Sein zweites Anliegen ist die Anwendung natürlicher Heilmittel. Er nennt alle Gemüsesorten, Pflanzen und Kräuter, die heilkräftig sind, und beschreibt, wie sie angewendet werden. Ergänzt wird dieser Leitfaden für ein gesundes Leben durch eine Fülle von Rezepten für Heil- und Schönheitsmittel und köstliche Speisen.